Super M

Arbeitsheft

1

Herausgegeben von
Ursula Manten
Reinhard Forthaus

Erarbeitet von
Ulrike Braun
Reinhard Forthaus
Ursula Manten
Ariane Ranft
Gabi Viseneber
Mirjam Walde

Illustrationen von
Martina Leykamm
Dorothee Mahnkopf

Cornelsen

Inhalt

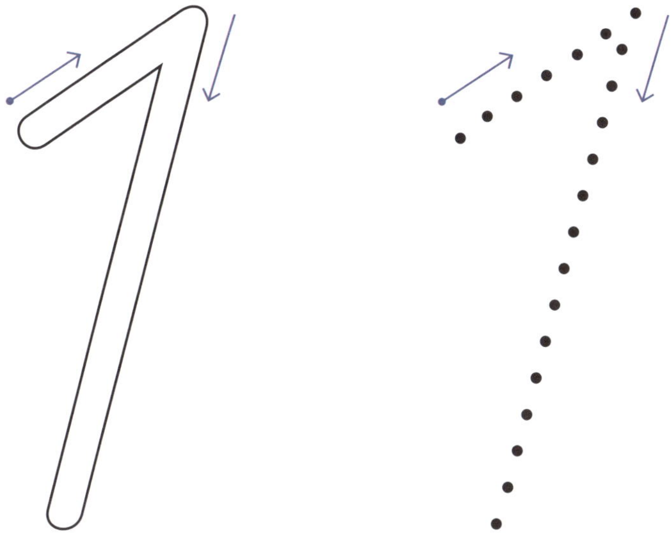

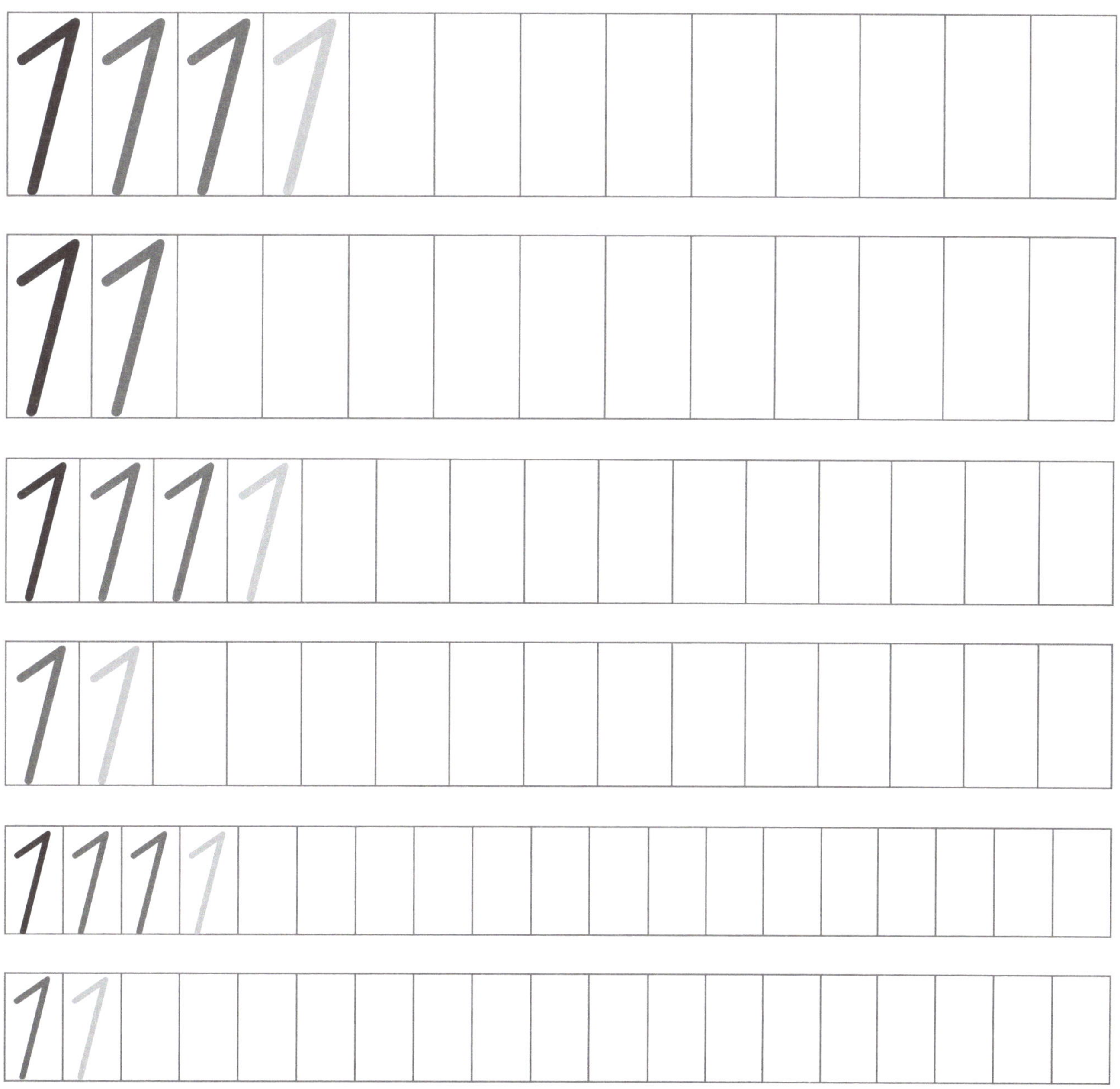

SB▸4

Die Zahl 2

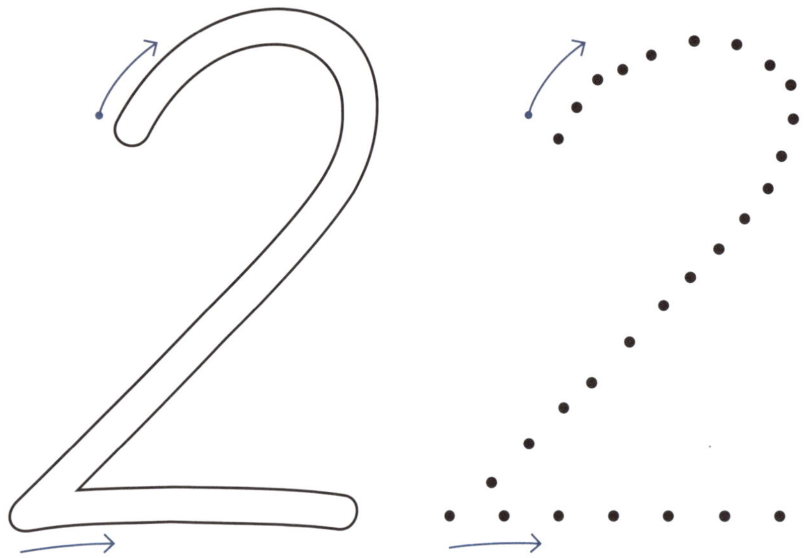

2	2	2	2				

2	2						

2	2	2	2						

2	2								

2	2	2	2										

2	2												

SB▶5

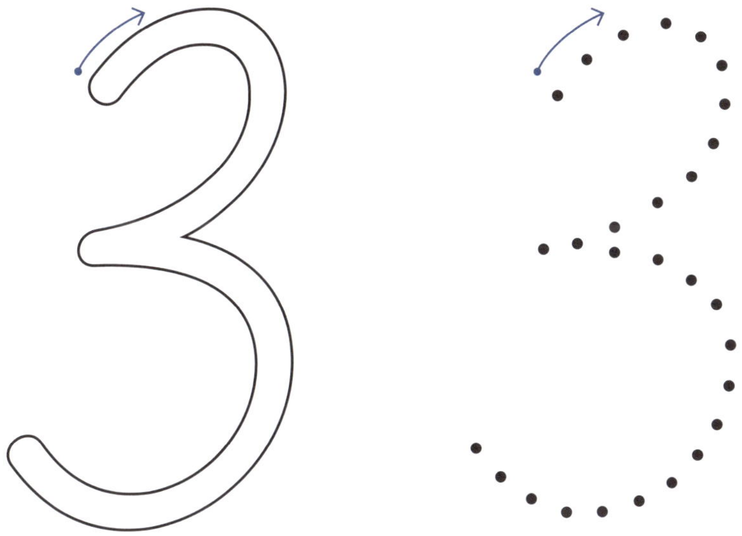

3	3	3	3						

3	3								

3	3	3	3								

3	3										

3	3	3	3													

3	3															

SB ▸ 6

Die Zahl 4

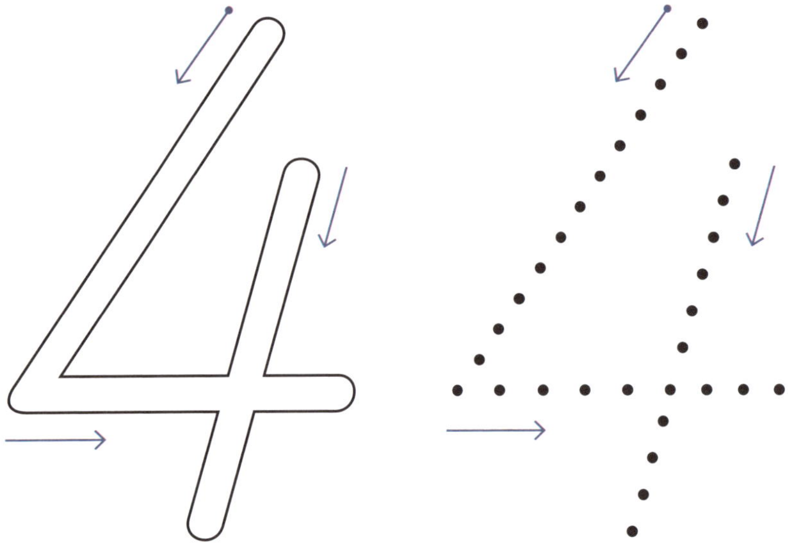

SB ▶ 6/7

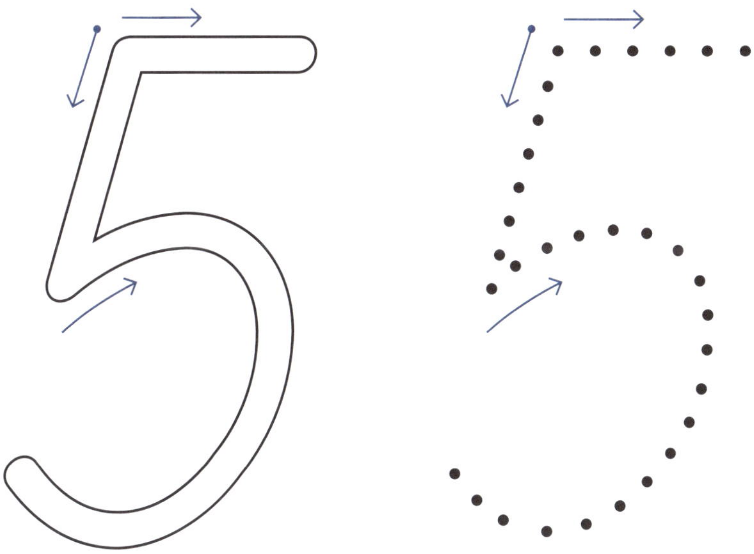

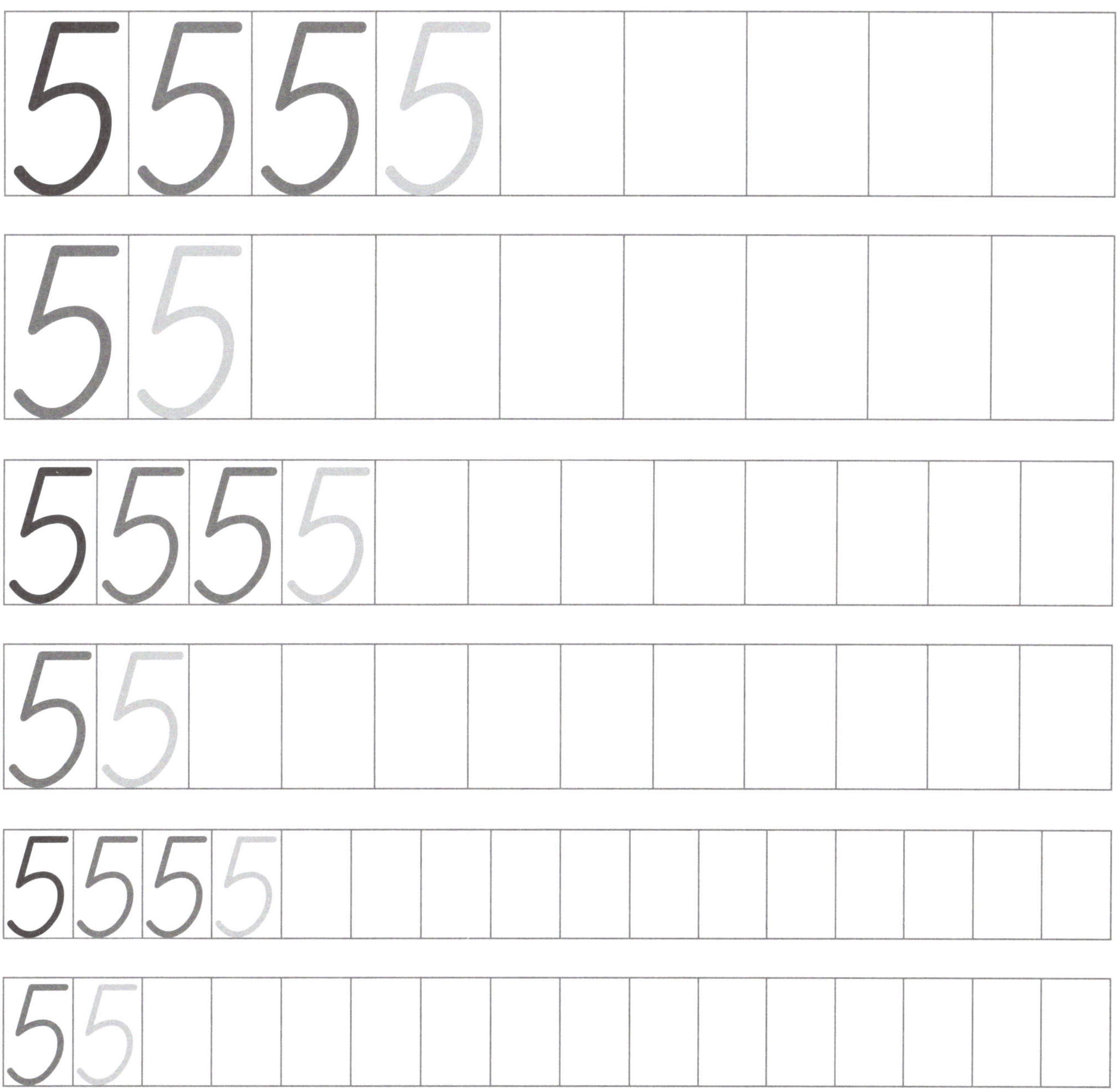

SB▸8

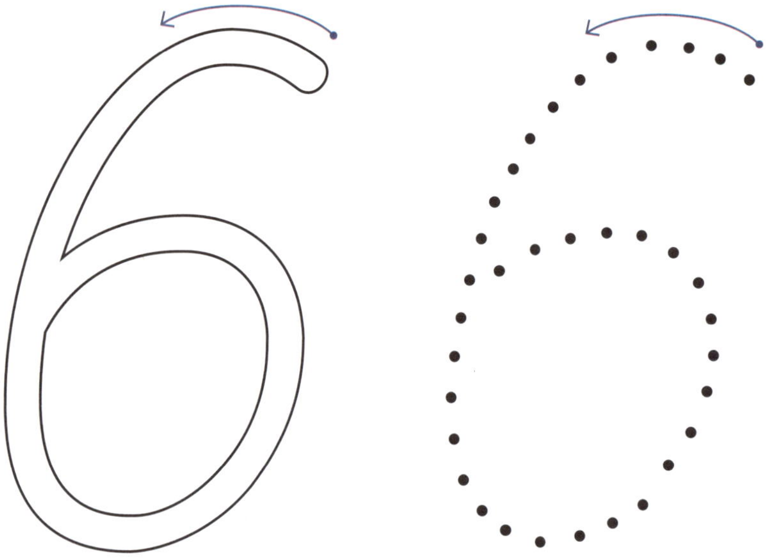

6	6	6	6					

6	6							

6	6	6	6							

6	6									

6	6	6	6											

6	6													

SB ▶ 12

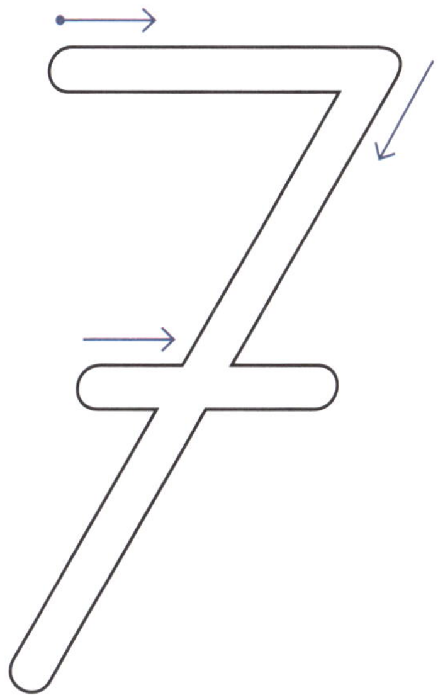

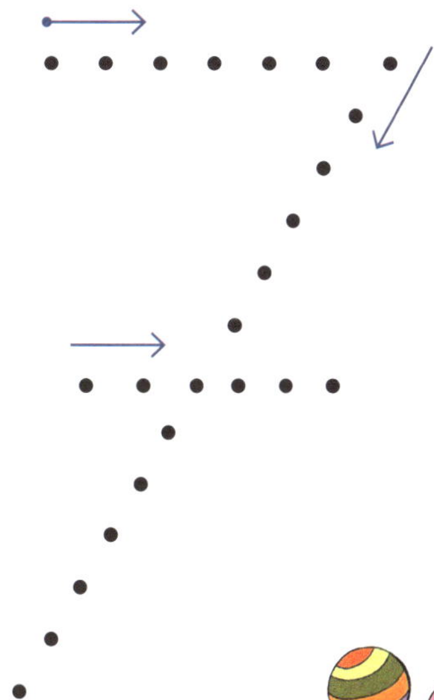

SB▸18/19

Die Zahl 8

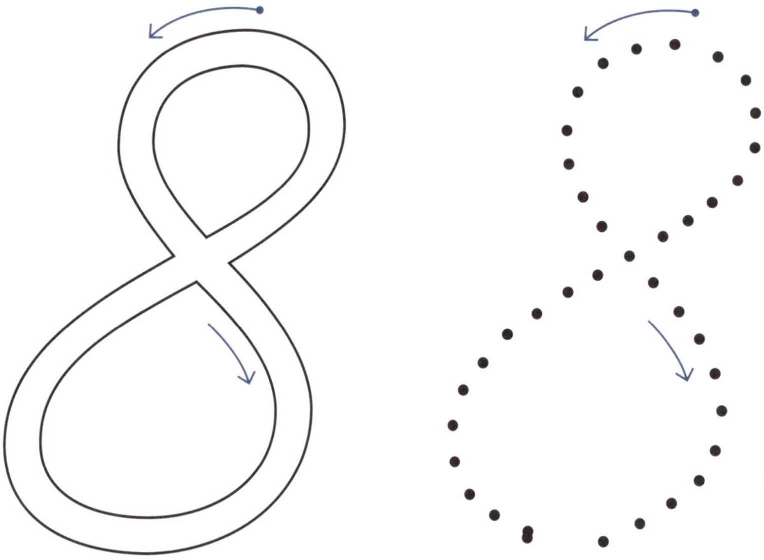

8	8	8	8				

8	8						

8	8	8	8							

8	8									

8	8	8	8										

8	8												

SB►18/19

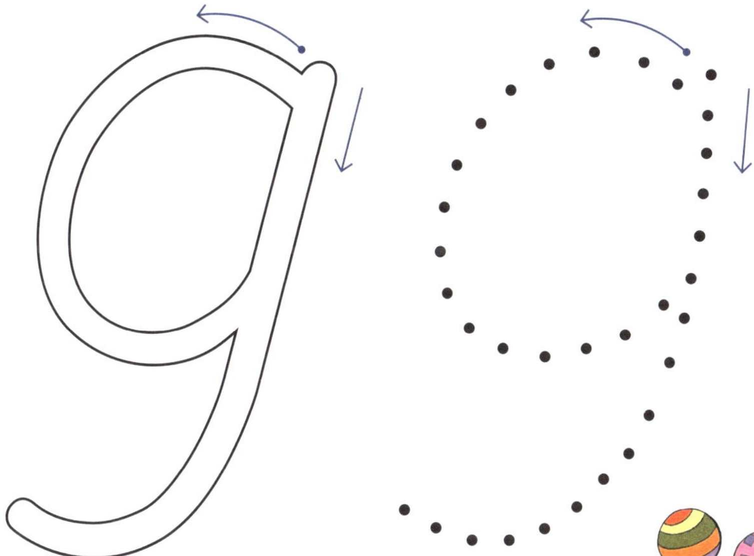

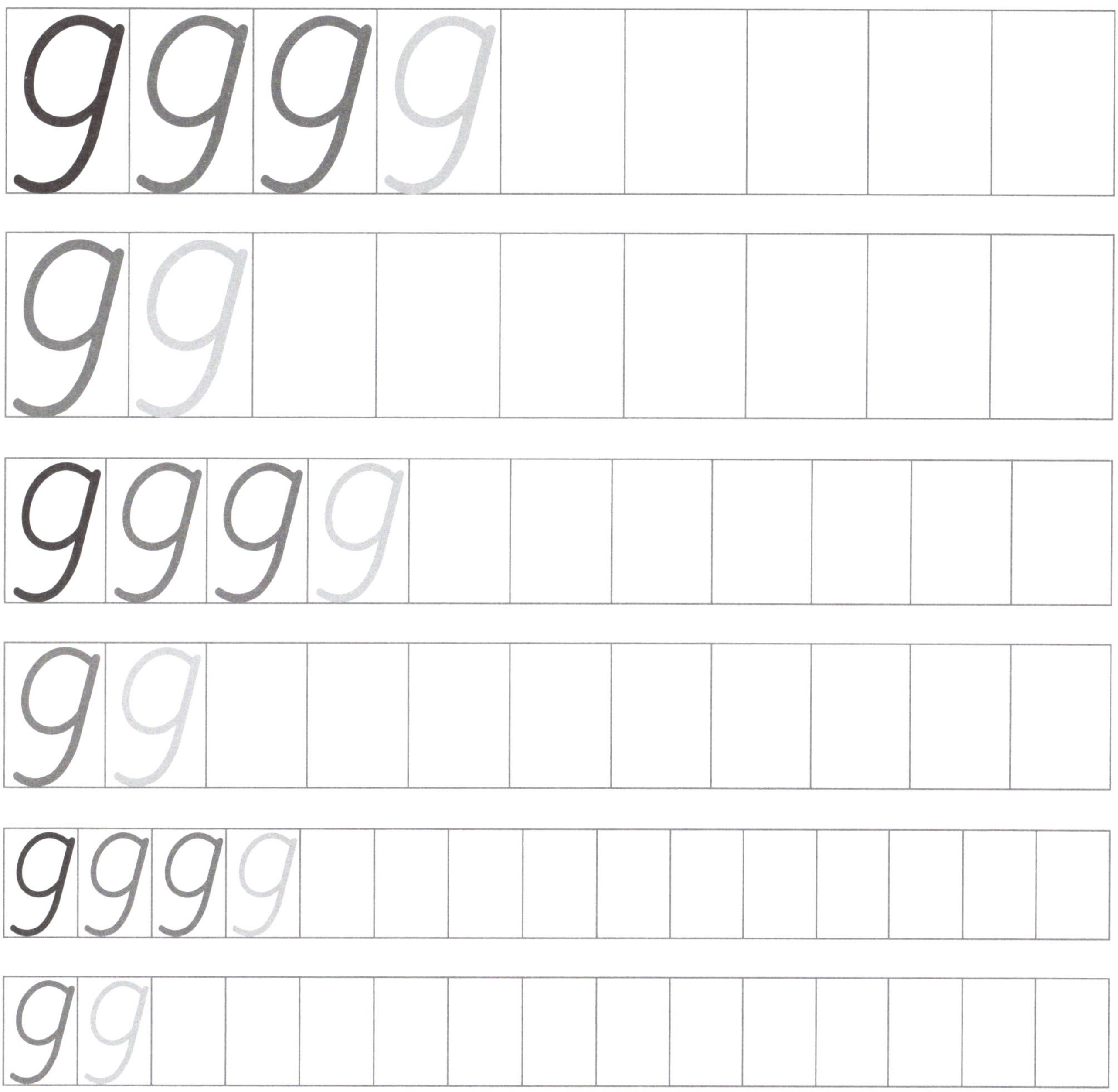

SB▸18/19

Die Zahl 0

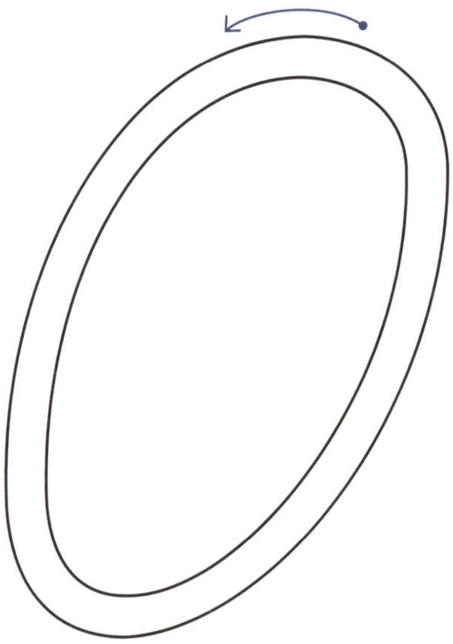

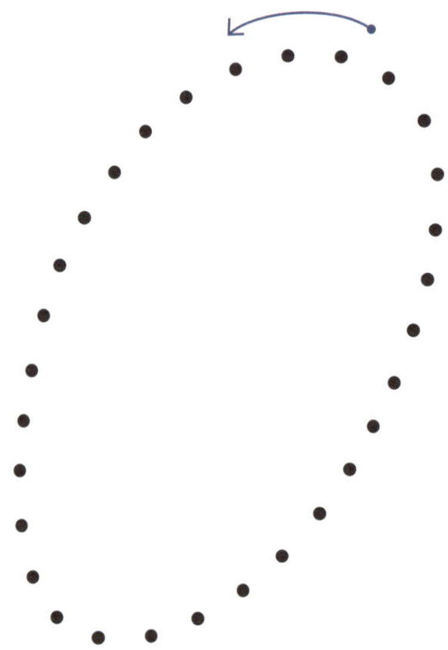

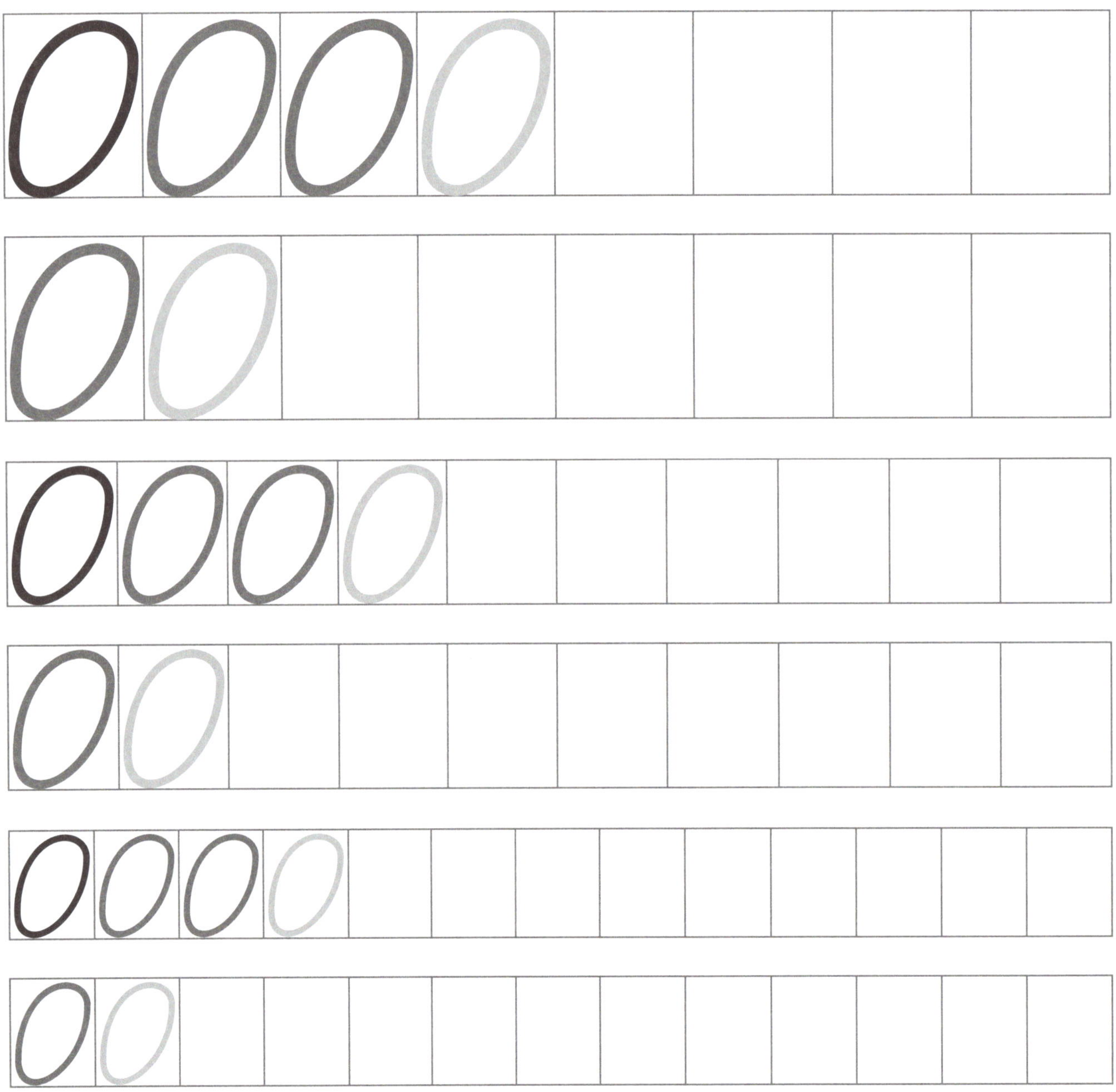

SB▶12

SB▸4/5 E▸2 A▸2

Zahlen von 1 bis 10

① Verbinde.

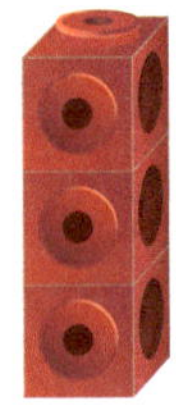

1	2	3	4	5

6	7	8	9	10

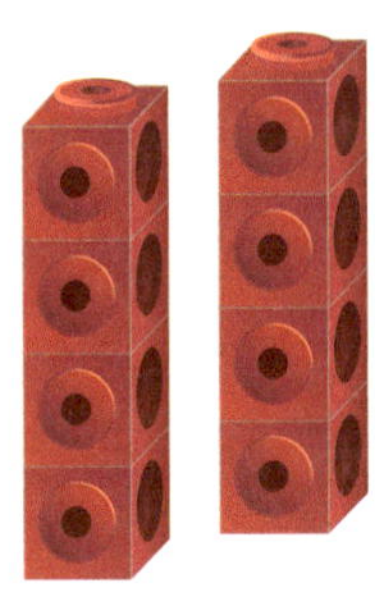

1	1				2	2				3	3		
1	2	3	1	2									

SB▸6/7 E▸3 A▸3

1

2

3

4

5

SB▸8 E▸3 A▸3

6

7

8

9

10

SB▸9 E▸3 A▸3

SCHULE

nach links
nach rechts

Anzahlen

① Wie viele?

3		4		5

6		7		8

② Wie viele?

2		3		4

1		2		3

0		1		2

3		4		5

③ Male.

		4		

		6		

		3		

		5		

④ Male, schreibe.

SB►12/13 E►5 A►5

① 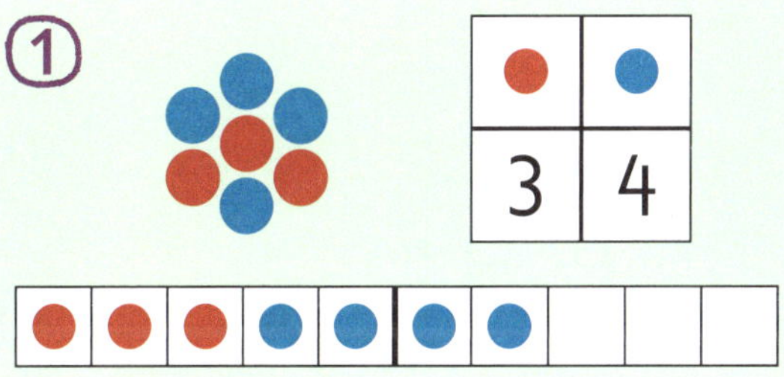

② 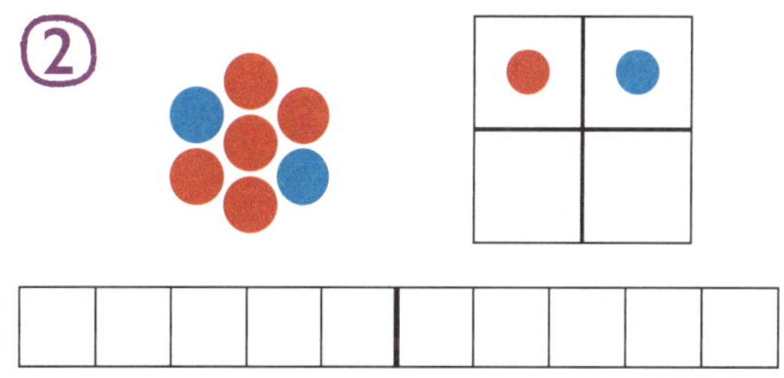

③ 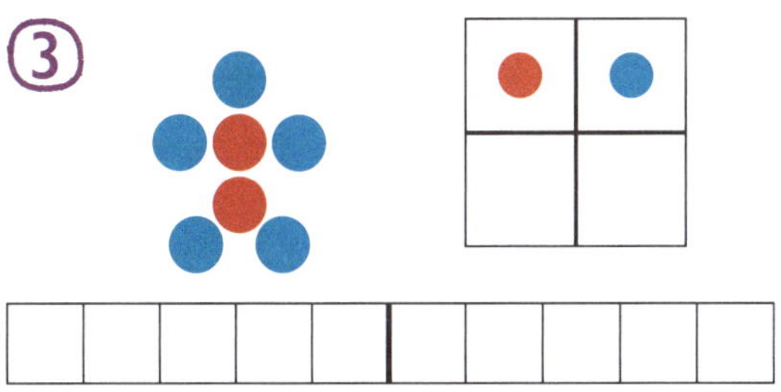

④ 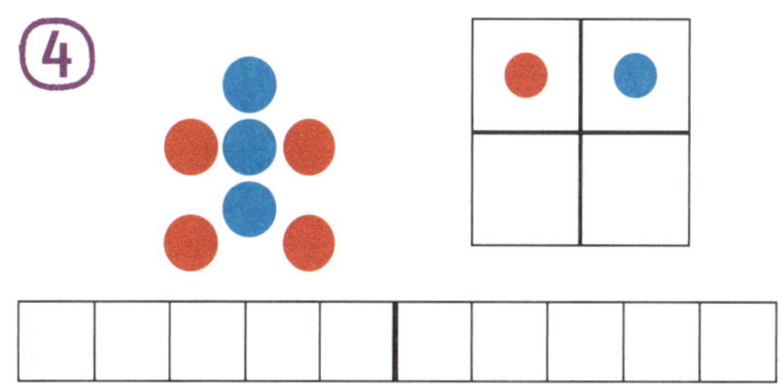

⑤ 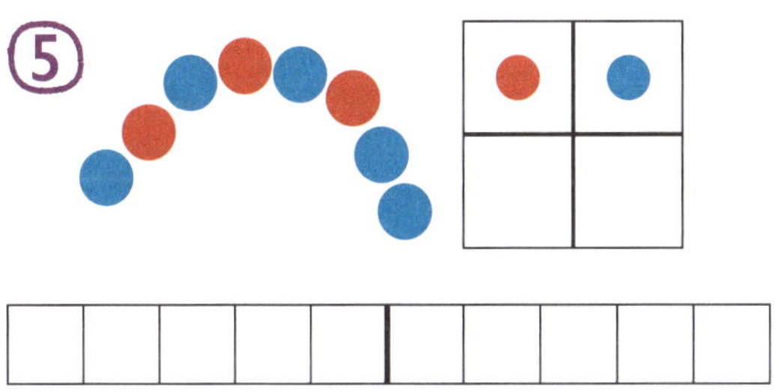

⑥ 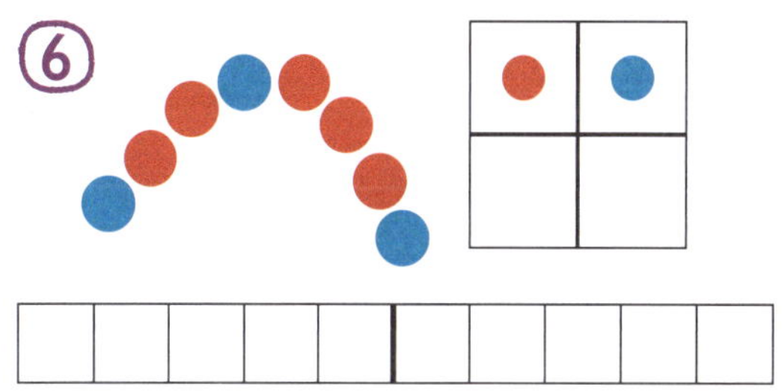

⑦ 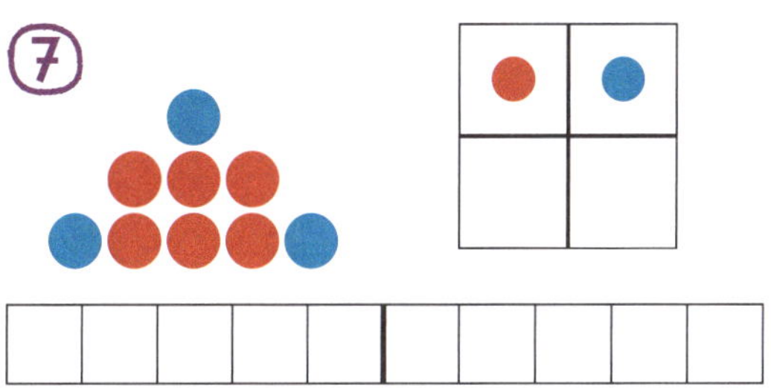

⑧ 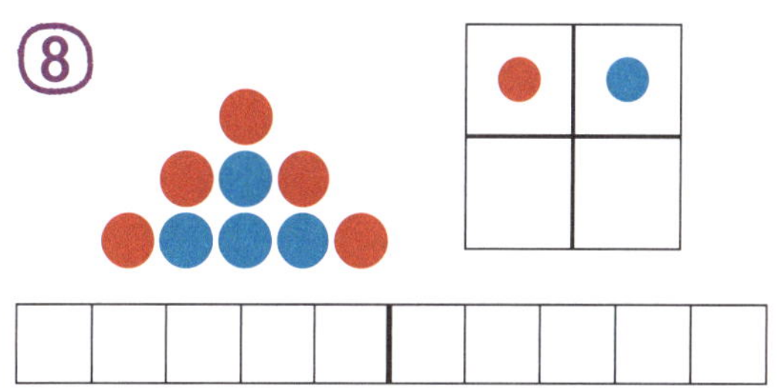

⑨ 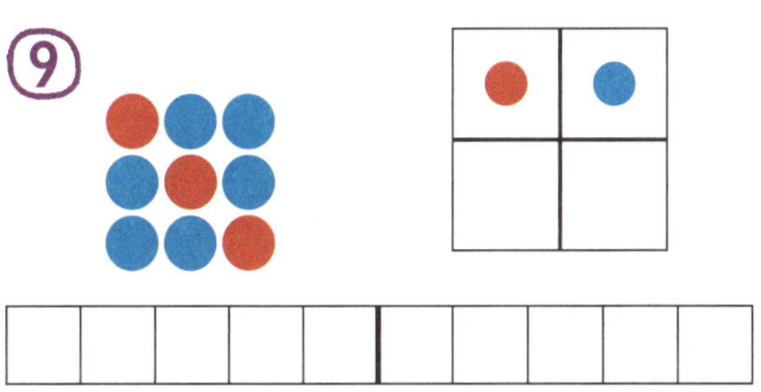

⑩ 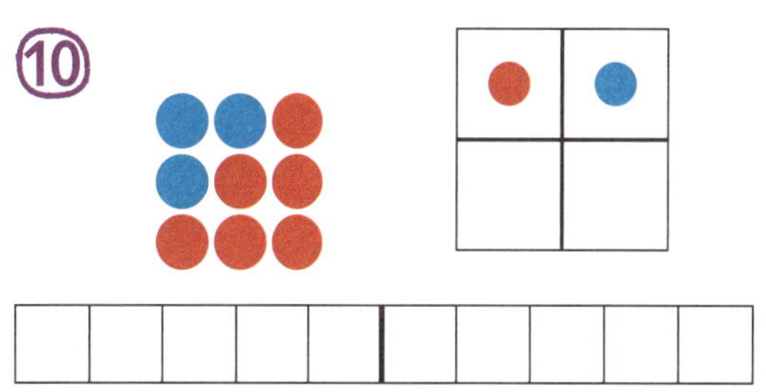

⑪ 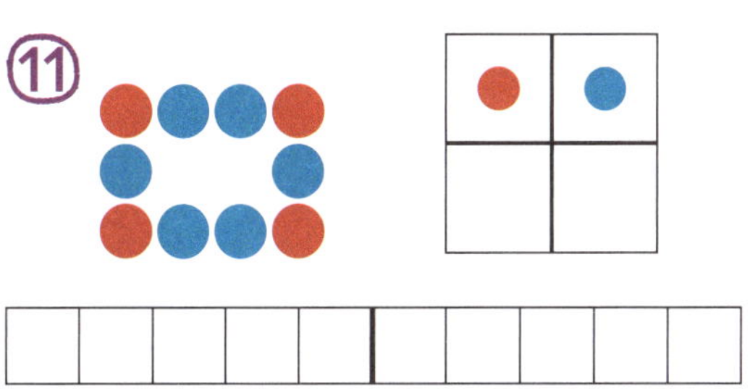

⑫ 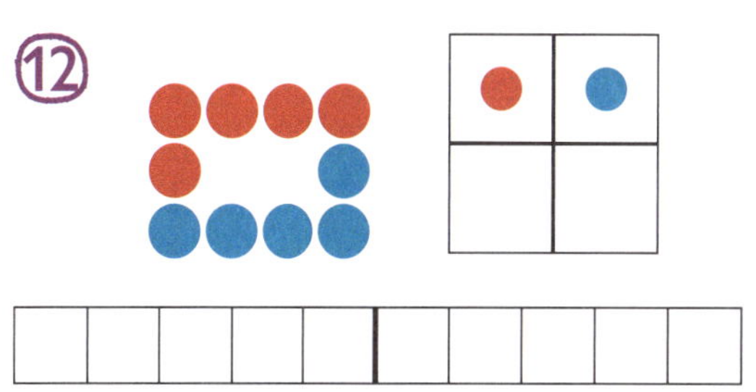

SB▸14/15 E▸6 A▸6

Zahlen zerlegen – Zahlenhäuser

① Immer 5.
Male, schreibe, verbinde.

5	
0	5

Trage ein.

②

5	5	5	5	5	5

③

5	5	5	5	5	5
4 1	0	3	2	1	0

Trage ein.

④

6	6	6	6	6	6	6

⑤

6	6	6	6	6	6	6
4 2	2	5	5	0	0	3

SB▶16/17 E▶7 A▶7

① Immer 7. Male.

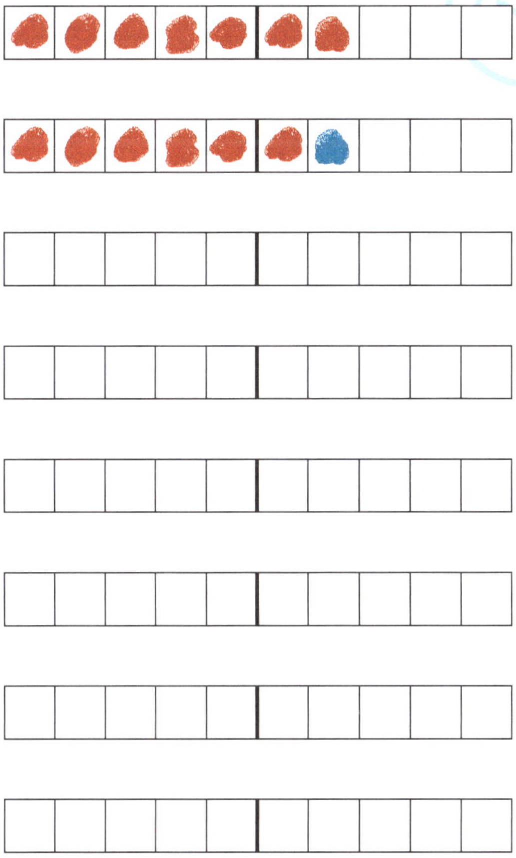

② Immer 7.

7	
0	

7	
3	4

4	

7	

7	
1	

	5

7	
6	

	0

③ Immer 8.

8	
5	3

8	
	1

8	
3	

8	
0	

8	

8	
	4

8	
	6

④ Immer 9.

9	
5	

9	
1	

9	
6	

9	
	0

9	
	7

9	
4	

9	
0	

9	
	2

SB ▸ 18/19 E ▸ 8 A ▸ 8

Zahlen zerlegen – die Zahl 10

① Verbinde, rechne, male.

10	
10	0

10	
9	

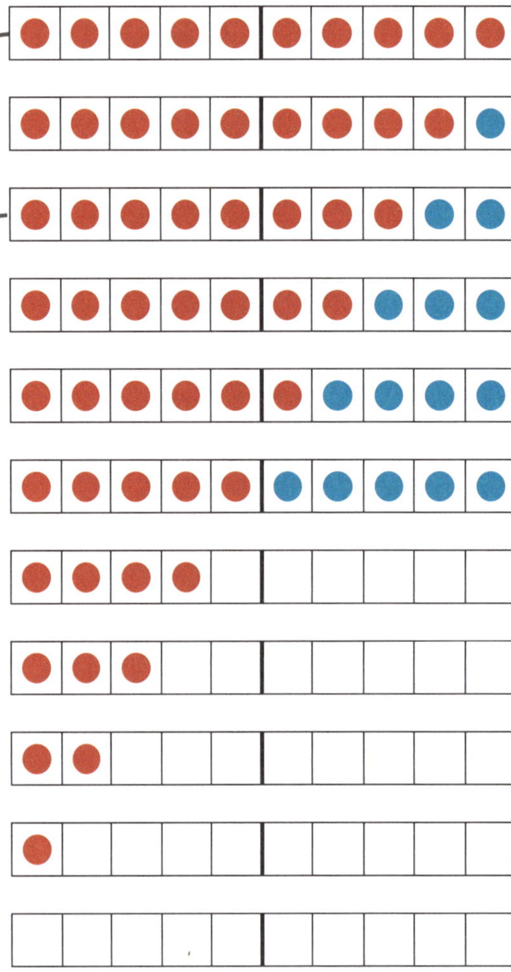

10	

10	

10	
5	

10	
6	

10	

10	

10	
4	

10	

10	
2	

② Überlege am Zehnerfeld.

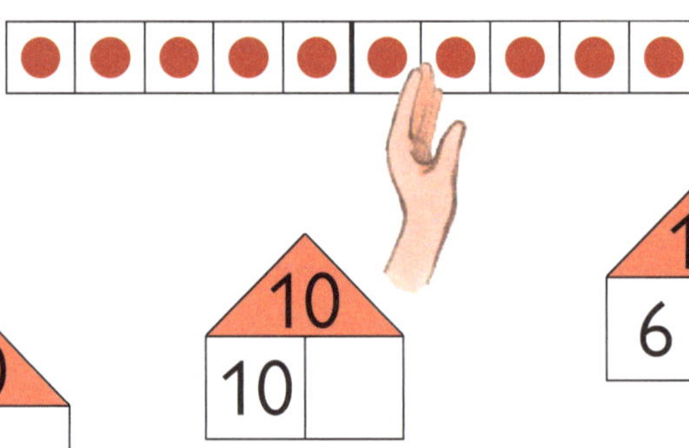

10	
1	

10	
	7

10	

10	
2	

10	
10	

10	
6	

10	
	5

10	
	2

10	
	3

10	
4	

10	
	10

SB▸20/21 E▸9 A▸9

① Ergänze. Male und schreibe.

9	
6	3

10	
5	

10	
3	

10	
	3

10	
8	

	6

9	
4	5

	7

9	
3	

② Ergänze. Male und schreibe.

10	
	5

10	

SB▸23 E▸10 A▸10

① Schreibe die Zahlen. Setze ein: (>), (<), (=).

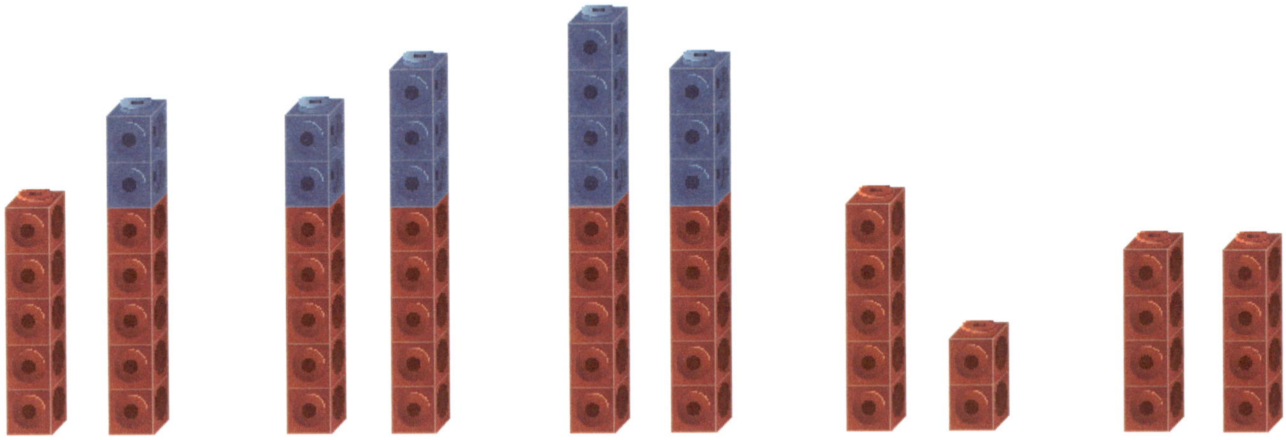

0										

②

3	<		4	>	
3	<		4	>	
3	<		4	>	
3	<		4	>	

5	<		6	>	
5	<		6	>	
5	<		6	>	
5	<		6	>	

③

	<	6		<	9	1	>	
	<	6		<	9	5	>	
	<	6		<	9	7	>	
	<	6		<	9	9	>	

④

2		3		7		8		5		1
2		4		5		2		3		0
4		5		6		9		8		5
3		1		7		7		1		7

⑤ Welche Zahl passt?

4	=			>	8	6	>		7	<			>	4
7	<			>	7	5	<		7	>			<	7
1	>			<	5	7	=		5	>			>	6
6	>			<	9	0	<		9	=			<	5

SB▸24/25 E▸11 A▸11

①

\+ =

②

\+ =

③

\+ =

④

\+ =

⑤

\+ =

⑥

\+ =

SB▸28/29 E▸13 A▸13

Plusaufgaben im Zehnerfeld

① Lege, rechne.

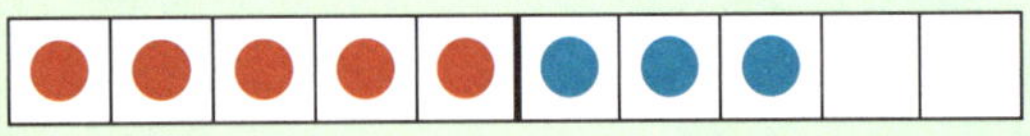

5 + 3 = 8

6 + 3 =	4 + 5 =	5 + 5 =
7 + 2 =	8 + 1 =	3 + 7 =
5 + 1 =	6 + 2 =	9 + 1 =

② Male, rechne.

5 + 2 =

4 + 6 =

6 + 2 =

2 + 4 =

7 + 3 =

4 + 4 =

5 + 5 =

1 + 9 =

③ Rechne. Prüfe.

2 + 2 =	3 + 1 =	6 + 2 =
5 + 1 =	2 + 4 =	4 + 1 =
3 + 4 =	5 + 0 =	0 + 3 =
6 + 3 =	7 + 2 =	2 + 8 =
4 6 7 7 9	4 5 6 7 9	3 5 7 8 10

Was verändert sich?

① Male, schreibe, rechne.

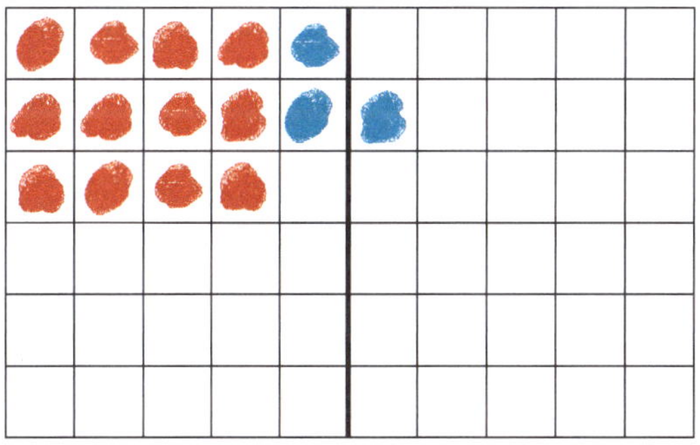

4	+	1	=	
	+		=	
	+		=	
	+		=	
	+		=	
	+		=	

② Rechne schnell.

4	+	5	=	
4	+	3	=	
	+	1	=	
	+	4	=	
	+	2	=	
	+	0	=	

③ Male, schreibe, rechne.

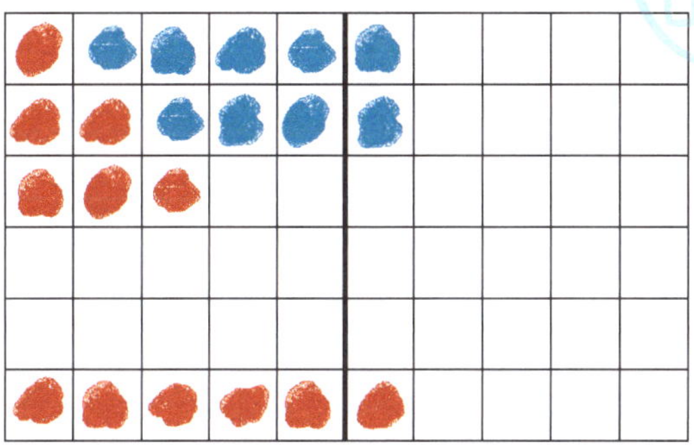

1	+	5	=	
	+	4	=	
3	+		=	
4	+		=	
	+	1	=	
	+		=	

④ Rechne schnell.

1	+	5	=	
3	+	3	=	
0	+	6	=	
2	+	4	=	
5	+	1	=	
4	+	2	=	

Was verändert sich? Rechne geschickt.

⑤

2	+	2	=	
3	+	2	=	
4	+	2	=	
5	+	2	=	
6	+	2	=	
	+		=	

⑥

2	+	3	=	
3	+	3	=	
4	+	3	=	
	+		=	
	+		=	
	+		=	

⑦

2	+	4	=	
3	+	4	=	
4	+	4	=	
	+		=	
	+		=	

Wie geht es weiter?

⑧

6	+	1	=	
5	+	2	=	
4	+	3	=	
	+	4	=	
	+		=	

⑨

2	+	6	=	
3	+	5	=	
4	+	4	=	
	+	3	=	
	+		=	

⑩

7	+	3	=	
6	+	4	=	
5	+	5	=	
	+	6	=	
	+		=	

SB►32/33 E►15 A►15

①

☐ + ☐ = ☐

②

☐ + ☐ = ☐

③

☐ + ☐ = ☐

④

☐ + ☐ = ☐

⑤ Male zur Aufgabe ein Bild.

4 + 2 = ☐

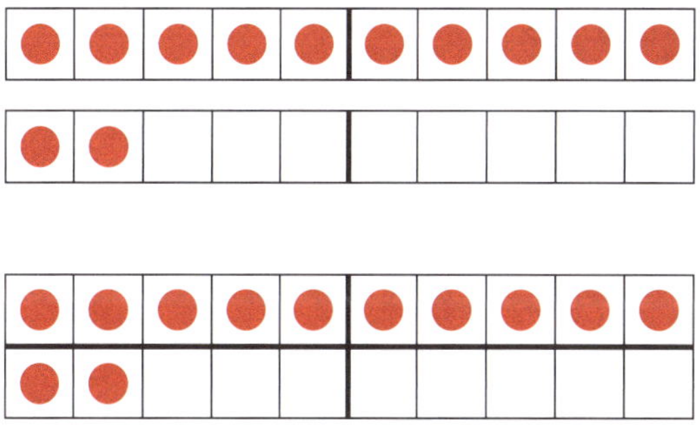

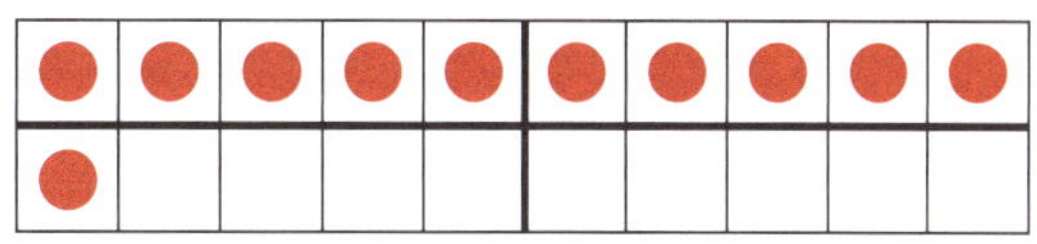

1 0 + =

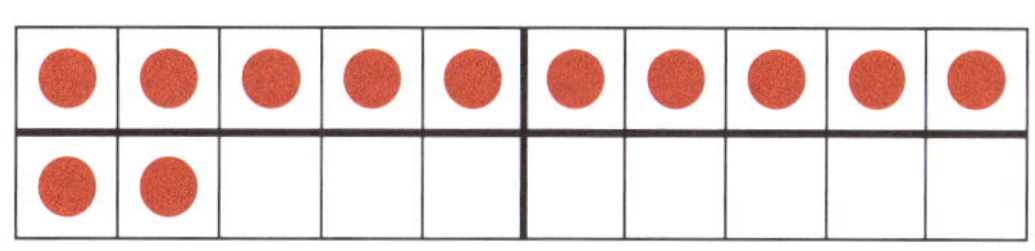

1 0 + =

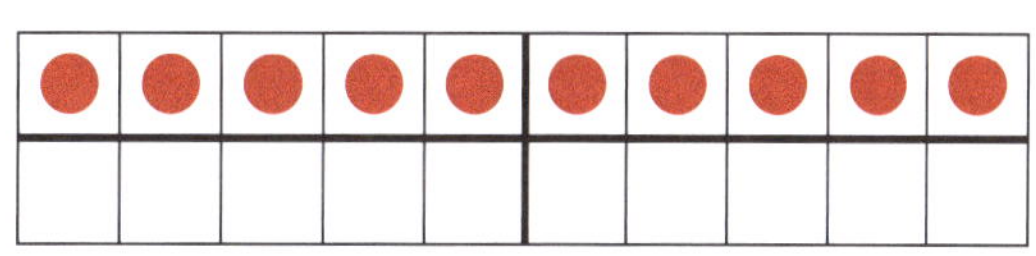

1 0 + =

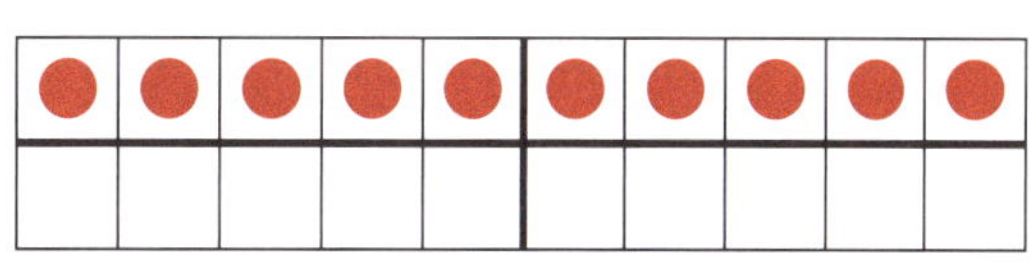

1 0 + =

SB►36 E►17 A►17

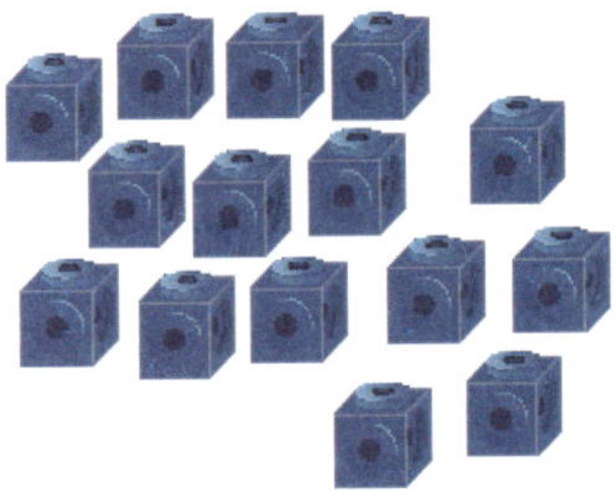

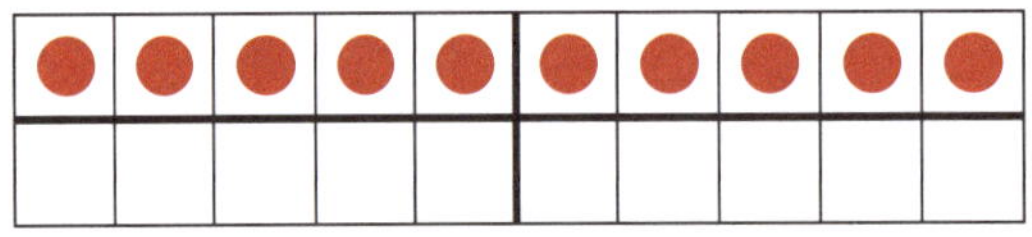

10 + =

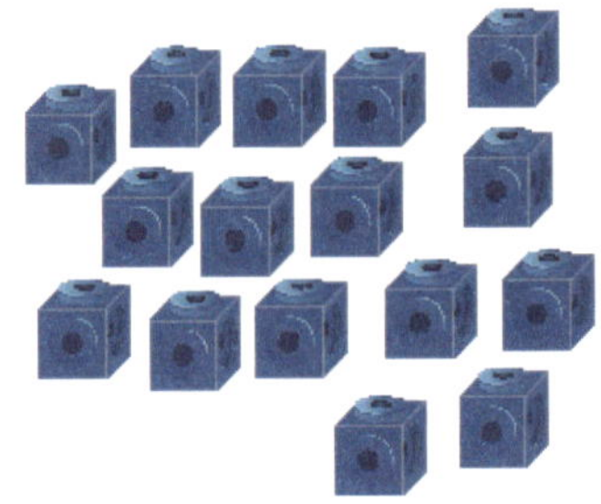

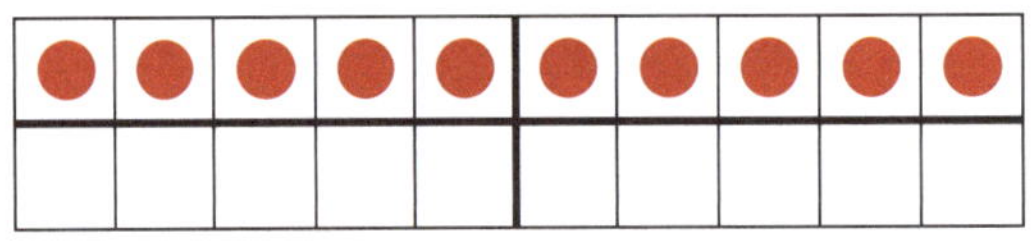

10 + =

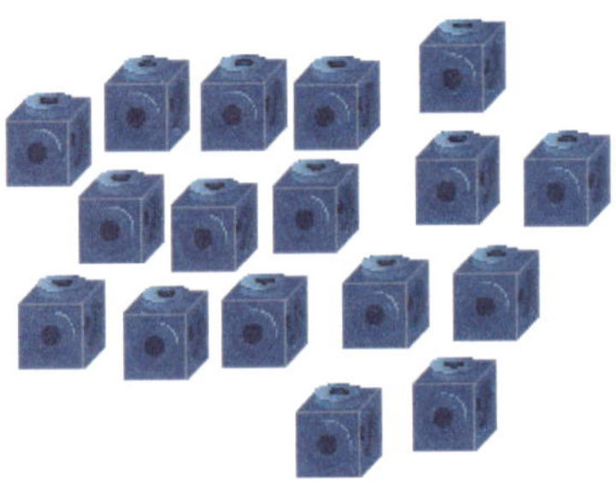

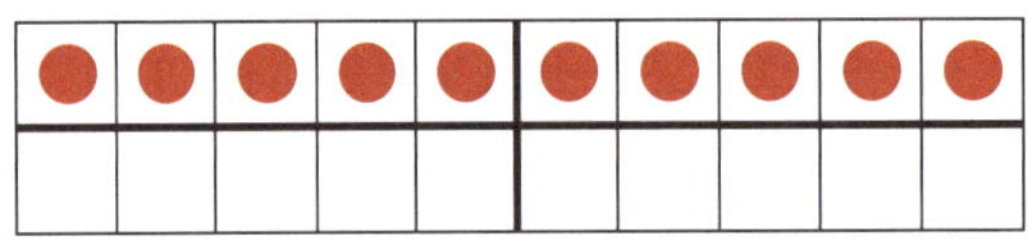

10 + =

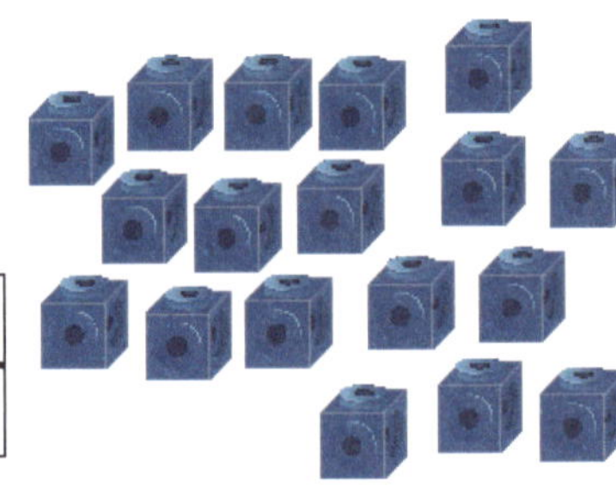

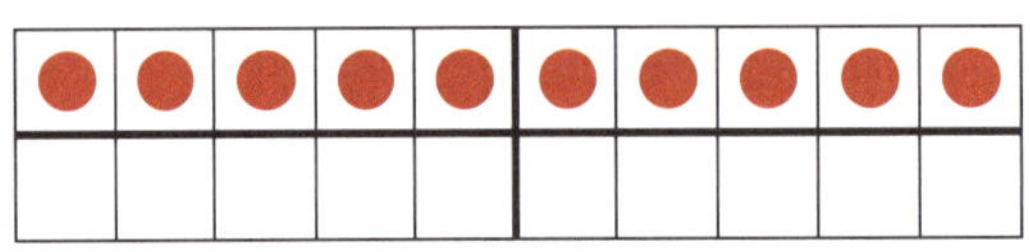

+ =

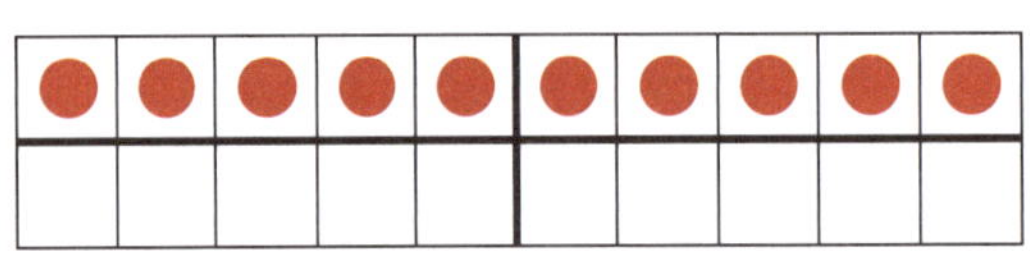

+ =

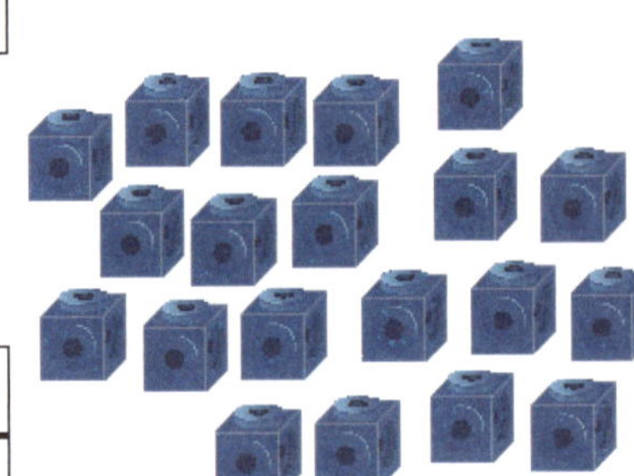

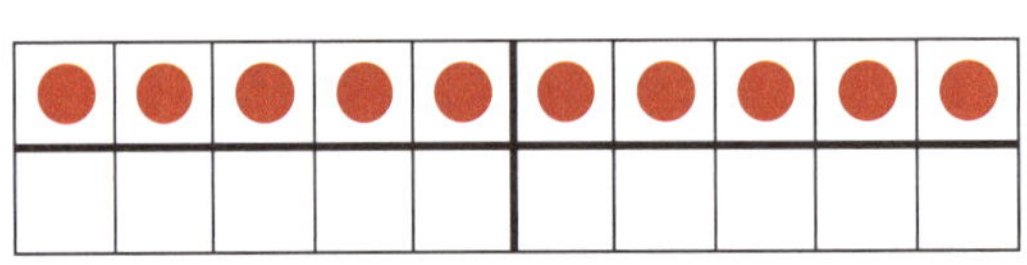

+ =

① Wie viele?

14	15	16

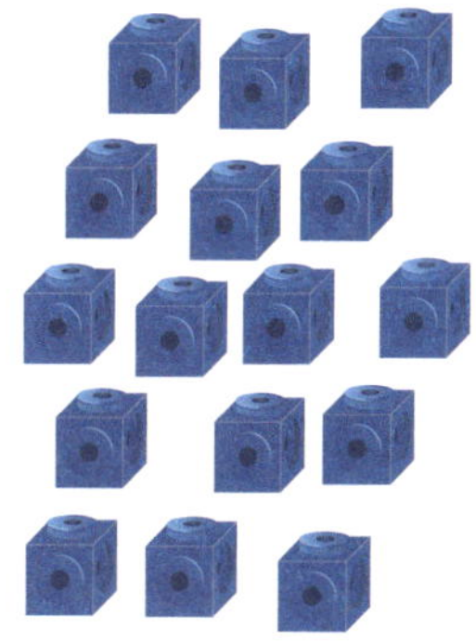

14	15	16

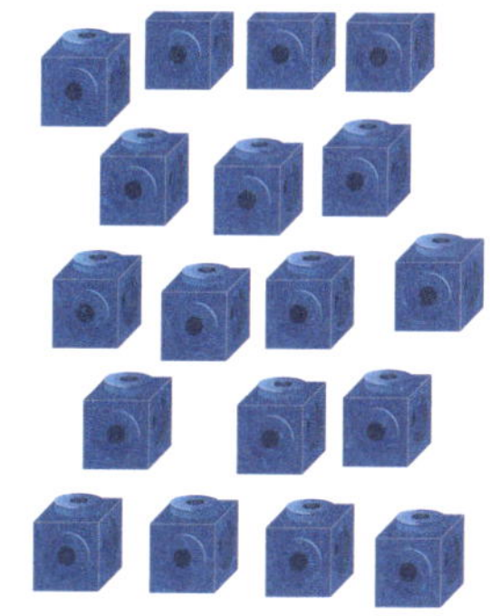

18	19	20

② Trage ein.

Vorgänger

Nachfolger

	11	
	14	
	17	

12		
15		
14		

		13
		19
		20

Welche Zahlen fehlen auf den weißen Feldern? Trage ein.

③

	11		13		15					

④

		10			13					

⑤

	18			15						

⑥

		20	19							

①

12 + 1 =
12 + 3 =
12 + 5 =
12 + 7 =

12 + 2 =
12 + 4 =
12 + 6 =
12 + 8 =

Rechne.

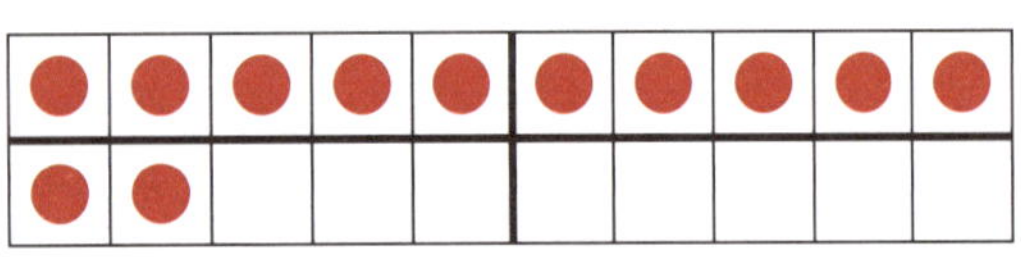

②

13 + 3 =
14 + 3 =
15 + 3 =

(first line) 12 + 3 =

③

13 + 4 =
14 + 4 =
15 + 4 =
16 + 4 =

④

11 + 5 =
13 + 5 =
15 + 5 =
17 + 5 =

⑤

11 + 2 =
11 + 4 =
11 + 6 =
11 + 8 =

⑥

15 + 0 =
15 + 2 =
    + 4 =
    +   =

⑦

14 + 6 =
13 + 5 =
    +   =
    +   =

SB ▸ 40/41 E ▸ 19 A ▸ 19

① Aufgabe und Tauschaufgabe. Male, rechne.

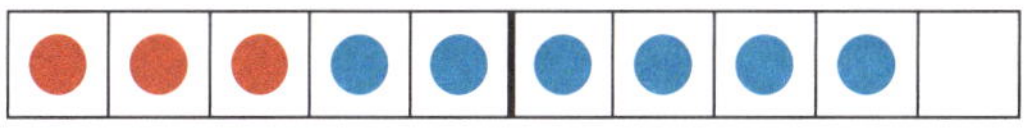

_ + _ = _

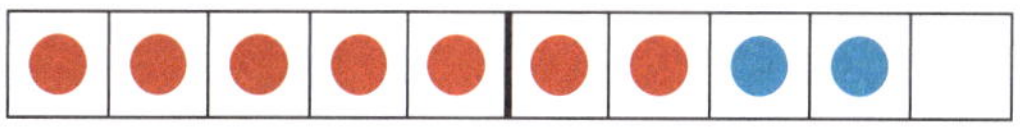

_ + _ = _

_ + _ = _

_ + _ = _

② Rechne. Schreibe und rechne auch die Tauschaufgabe.

4 + 5 =	5 + 3 =	2 + 7 =	6 + 3 =
+ =	+ =	+ =	+ =

14 + 5 =	11 + 6 =
+ =	+ =
12 + 4 =	17 + 3 =
+ =	+ =

③ Immer 10. Ergänze.

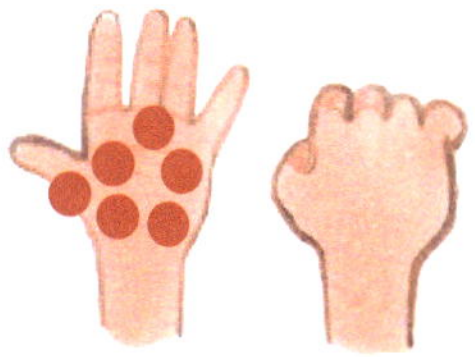

_ + _ = 10

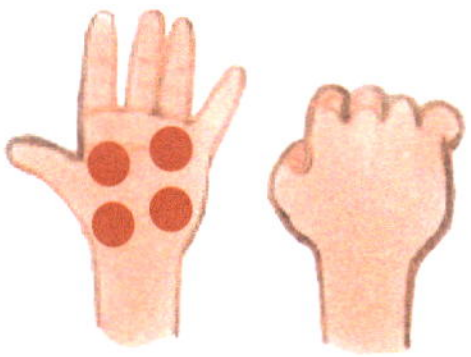

_ + _ = 10

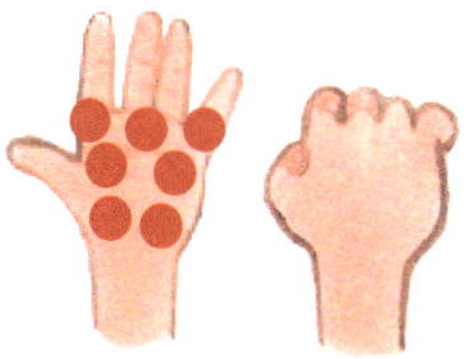

_ + _ = 10

④ Ergänze.

10 + _ = 11	12 + _ = 16	13 + _ = 16
12 + _ = 14	14 + _ = 17	15 + _ = 17
14 + _ = 17	16 + _ = 18	17 + _ = 18
16 + _ = 20	18 + _ =	19 + _ =

SB▸42/43 E▸20 A▸20

① 

5 − ☐ = ☐

 ☐ − ☐ = ☐

 ☐ − ☐ = ☐

 ☐ − ☐ = ☐

② 

☐ − ☐ = ☐

③ 

☐ − ☐ = ☐

④ 

☐ − ☐ = ☐

⑤ 

☐ − ☐ = ☐

⑥ 

☐ − ☐ = ☐

SB▸46/47 E▸22 A▸22

Wie rechnest du?
Kreuze an.

Muster helfen beim Rechnen.

① 6 – 2 =
6 – 3 =
6 – 4 =
6 – 5 =

② 9 – 4 =
9 – 3 =
9 – 2 =
9 – 1 =

③ 8 – 8 =
8 – 7 =
8 – 6 =
8 – 5 =

④ 8 – 2 =
6 – 2 =
4 – 2 =
2 – 2 =

⑤ 9 – 2 =
7 – 2 =
5 – 2 =
3 – 2 =

⑥ 9 – 3 =
7 – 3 =
5 – 3 =
3 – 3 =

Ergänze die fehlenden Aufgaben. Rechne.

⑦ 5 – 1 =
5 – 2 =
5 – 3 =
5 – =

⑧ 8 – 1 =
8 – 3 =
8 – 5 =
8 – =

⑨ 10 – 2 =
10 – 4 =
10 – 6 =
10 – =

Rechne.

⑩ 4 – 2 =
7 – 4 =
6 – 6 =
10 – 1 =

⑪ 10 – 2 =
8 – 3 =
9 – 6 =
10 – 7 =

⑫ 4 – 2 =
6 – 3 =
8 – 4 =
10 – 5 =

SB▸48/49 E▸23 A▸23

Rechengeschichten – Subtrahieren

①

	–		=	

②

	–		=	

③

	–		=	

④

	–		=	

⑤ Male ein Bild zur Aufgabe. Rechne.

9	–	3	=	

SB▶50/51 E▶24 A▶24

1

2

6 – 0 =
16 – 1 =
16 – 2 =
16 – 3 =

3

19 – 2 =
19 – 4 =
19 – 6 =
19 – 8 =

4 Rechne.

17 – 4 =	12 – 2 =	15 – 3 =
18 – 5 =	17 – 6 =	18 – 2 =
14 – 3 =	15 – 4 =	16 – 4 =
19 – 8 =	18 – 4 =	19 – 9 =
11 11 12 13 13	10 11 11 12 14	10 12 12 14 16

5 Super-Päckchen.

18 – 4 =	12 – 2 =	16 – 1 =
18 – 5 =	13 – 2 =	17 – 2 =
18 – =	14 – =	– =
18 – =	15 – =	– =
18 – =	16 – =	– =

6 Rechne mit dem Ergebnis weiter.

20 – 1 =	– 2 =	– 3 =
– =	– =	

①

4	+	1	=	
5	−	1	=	

	−	4	=	
	+	4	=	

	−		=	
	+		=	

Zu jeder Aufgabe die Umkehraufgabe. Schreibe, rechne.

②

7	+	1	=	
	−	1	=	

6	+	3	=	
	−	3	=	

4	+	5	=	
	−		=	

0	+	7	=	
	−		=	

③

8	−	3	=	
	+	3	=	

7	−	5	=	
	+	5	=	

9	−	7	=	
	+		=	

9	−	0	=	
	+		=	

④

11	+	6	=	
	−		=	
14	+	3	=	
	−		=	

⑤

18	−	2	=	
	+		=	
18	−	6	=	
	+		=	

⑥

		5	=	
		5	=	
		7	=	
		7	=	

⑦ Schreibe, rechne.

			=	

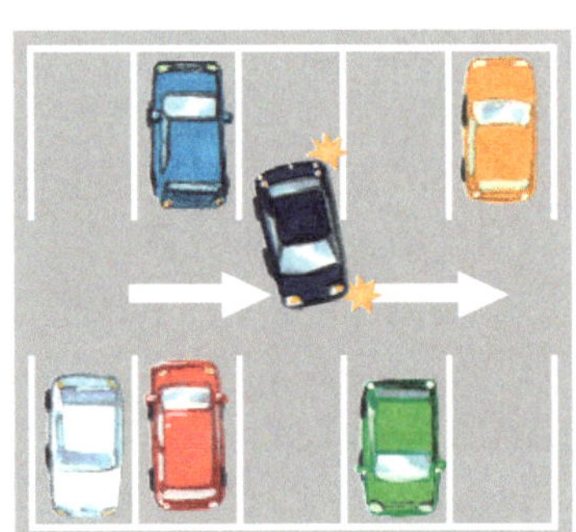

			=	

			=	

SB▸54/55 E▸26 A▸26

① Schreibe.

____ ct ____ ct ____ ct

② Male.

12 ct 16 ct 18 ct

③ Schreibe.

____ € ____ € ____ €

④ Male.

13 € 15 € 19 €

⑤ Lege mit möglichst wenig Scheinen und Münzen:
4 €, 7 €, 11 €, 14 €, 16 €, 17 €.

SB ▸ 58/59 E ▸ 28 A ▸ 28

① Tina kauft:

Tina gibt ____ €.

Tina bekommt ____ € zurück.

___ € + ___ € = ___ €

___ € – ___ € = ___ €

② Tobi kauft:

Tobi gibt ____ €.

Tobi bekommt ____ € zurück.

___ € + ___ € + ___ € = ___ €

___ € – ___ € = ___ €

③ Anne kauft:

Anne gibt ____ €.

Anne bekommt ____ € zurück.

___ € + ___ € = ___ €

___ € – ___ € = ___ €

④ Ali kauft:

Ali gibt ____ €.

Ali bekommt ____ € zurück.

___ € + ___ € = ___ €

___ € – ___ € = ___ €

SB▸60/61 E▸29 A▸29

① Umfahre die Grundformen im Bild.
Male die Formen aus, die vorkommen.

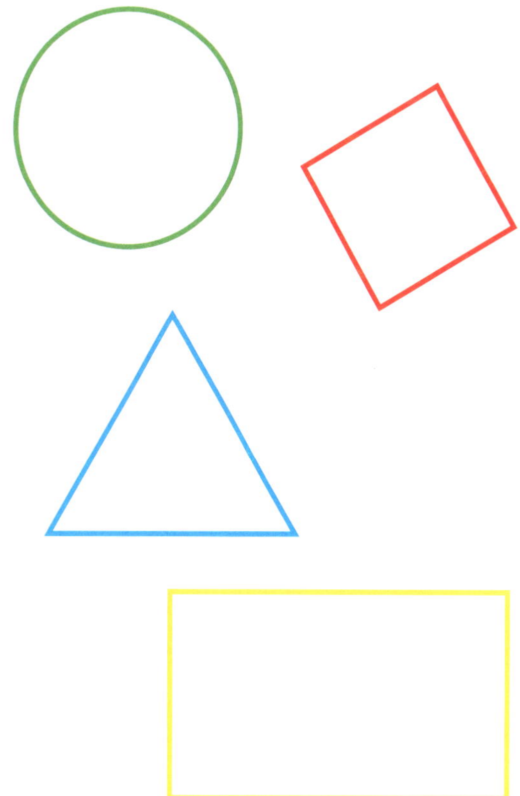

② Welche Formen haben die Kinder benutzt?
Male wie im Beispiel.

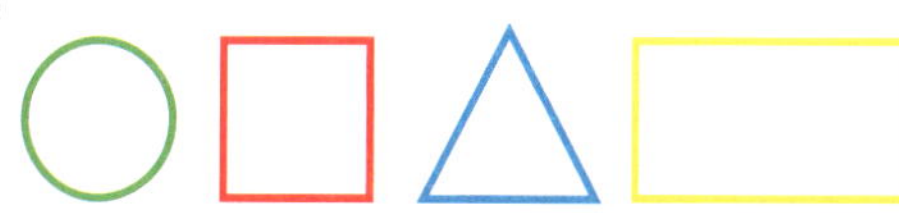

Lege nach.

① 

② 

Lege mit möglichst wenigen Teilen.

③ 

④ 

SB▸64/65 E▸31 A▸31

① Male in der Farbe der Badekappen an.

1. Platz
2. Platz
3. Platz
4. Platz
5. Platz

② Sich nacheinander setzen.
Ordne die Bilder.

1. Bild

__. Bild

__. Bild

__. Bild

__. Bild

③ Wie hebst du ab?
Male an.

1.	2.	3.	4.	5.

④ Ordne der Größe nach.

		1.		

SB▸66 E▸32 A▸32

Verdoppeln / Halbieren

① Verdopple. Lege, male, schreibe.

5 + 5 = 1 0

+ =

+ =

+ =

②

2	+	2	=		
7	+	7	=		
8	+	8	=		
9	+	9	=		

③

4	+	4	=		
6	+	6	=		
8	+		=		
	+		=		

④ Halbiere.

4 Für jeden die Hälfte. 2

Für jeden die Hälfte.

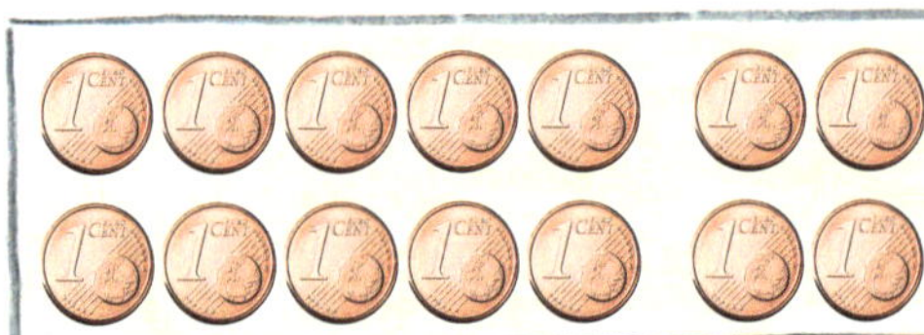

Für jeden die Hälfte.

Für jeden die Hälfte.

⑤

4	=	2	+	2
2	=		+	
8	=		+	
6	=		+	

⑥

1	0	=	5	+	5
1	2	=		+	
1	4	=		+	
1	6	=		+	

SB▸68/69 E▸33 A▸33

(1) Male an.

gerade Zahlen

6 20 18 16 7 1 4 15 13 9 3 10 12 19

ungerade Zahlen

Nimm 2. Wie viel zusammen?
Finde viele Aufgaben.

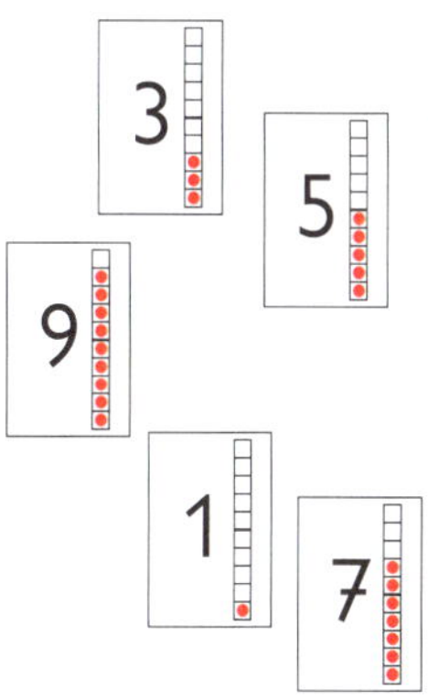

(2)

3	+	5	=		
	+		=		
	+		=		
	+		=		
	+		=		
	+		=		

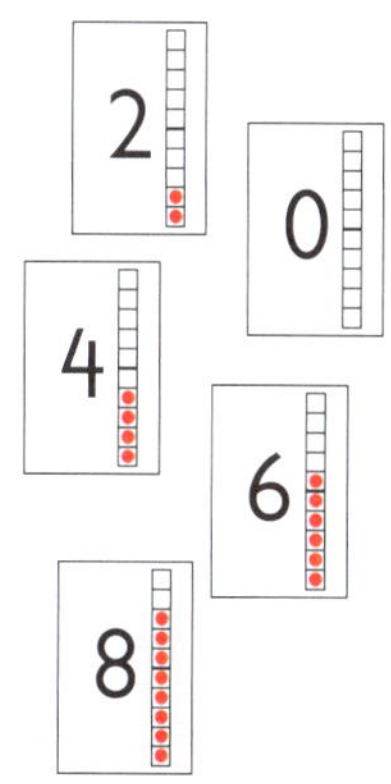

(3)

	+		=		
	+		=		
	+		=		
	+		=		
	+		=		
	+		=		

Zusammen eine ungerade Zahl.

(4)

	2	+	3	=		
	4	+	3	=		
	6	+	3	=		
	8	+	3	=		
1	0	+	3	=		

(5)

1	+	4	=		
3	+	4	=		
5	+	4	=		
7	+	4	=		
9	+	4	=		

(6)

	+		=		
	+		=		
	+		=		
	+		=		
	+		=		

(7) Verdoppeln hilft.

2	+	2	=	4
2	+	3	=	5

3	+	3	=	
3	+	4	=	

5	+	5	=	
5	+	6	=	

2	+	2	=	
2	+	1	=	

4	+	4	=	
4	+	3	=	

6	+	6	=	
6	+	5	=	

SB▸70/71 E▸34 A▸34

①

	8	+	3	=		
	8	+	2	=	1	0
1	0	+		=		

② Male und rechne.

9 + 7

	9	+	7	=		
		+		=		
		+		=		

6 + 8

	6	+	8	=		
		+		=		
		+		=		

5 + 9

	5	+	9	=		
		+		=		
		+		=		

③ Rechne.

6 + 9 =

8 + 3 =

4 + 7 =

9 + 8 =

5 + 7 =

8 + 8 =

11 11 12 14 15 16 17

SB ▸ 72/73 E ▸ 35 A ▸ 35

① Ergänze zu 10.

7	+		=	10
4	+		=	10
5	+		=	10
3	+		=	10

8	+		=	10
6	+		=	10
2	+		=	10
1	+		=	10

	+	5	=	10
	+	2	=	10
	+	7	=	10
	+	4	=	10

② Zerlege.

7	=	5	+	
7	=	3	+	
7	=	1	+	
7	=	2	+	

8	=	7	+	
8	=	5	+	
8	=	3	+	
8	=	4	+	

9	=		+	2
9	=		+	4
9	=		+	3
9	=		+	7

③ Rechne in zwei Schritten.

8	+	4	=	12
8	+	2	=	10
10	+	2	=	12

7	+	4	=	
	+		=	
	+		=	

5	+	7	=	
	+		=	
	+		=	

6	+	5	=	
	+		=	
	+		=	

9	+	6	=	
	+		=	
	+		=	

6	+	8	=	
	+		=	
	+		=	

④ Verdoppeln hilft.

3	+	4	=	
4	+	4	=	
5	+	4	=	

5	+	6	=	
6	+		=	
7	+	6	=	

7	+	8	=	
8	+		=	
9	+	8	=	

⑤ Eigene Aufgaben. Schreibe, rechne.

5 6 7 8 9 (+) 6 7 8 9

SB▸74/75 E▸36 A▸36

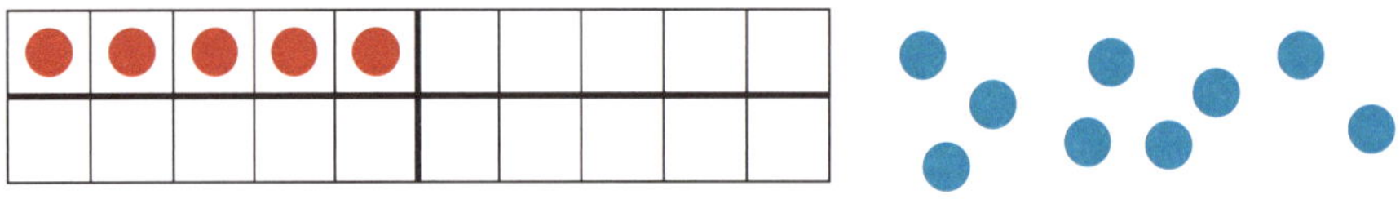

①
5 + 6 =
5 + 4 =
5 + 8 =
5 + 9 =
5 + 7 =

②
7 + 5 =
9 + 5 =
6 + 5 =
4 + 5 =
5 + 5 =

③
6 + 7 =
8 + 4 =
8 + 5 =
6 + 8 =
7 + 9 =

9 9 10 11 11 11 12 12 12 13 13 13 14 14 14 16

Rechne geschickt.

④
9 + 9 =
7 + 9 =
5 + 9 =
3 + 9 =
1 + 9 =

⑤
9 + 6 =
8 + 5 =
7 + 8 =
4 + 9 =
8 + 6 =

⑥
6 + 4 =
5 + 7 =
7 + 4 =
8 + 7 =
6 + 6 =

10 10 11 12 12 12 13 13 14 14 15 15 15 16 18 18

⑦

6 + 4 + 4 =
5 + 2 + 5 =
8 + 9 + 2 =

5 + 9 + 1 =
3 + 6 + 4 =
6 + 5 + 4 =

⑧ Setze ein.

ist kleiner als					
	+		<	1	0
	+		<	1	0
	+		<	1	0

ist gleich					
	+		=	1	0
	+		=	1	0
	+		=	1	0

ist größer als					
	+		>	1	0
	+		>	1	0
	+		>	1	0

SB▶76/77 E▶37 A▶37

①

13 – 5

1	3	–	5	=		
1	3	–	3	=	1	0
1	0	–	2	=		

1	4	–	7	=		
		–		=	1	0
1	0	–		=		

1	3	–	8	=		
		–		=	1	0
1	0	–		=		

1	5	–	9	=		
		–		=	1	0
1	0	–		=		

1	2	–	6	=		
		–		=	1	0
1	0	–		=		

Legen und rechnen mit Geld hilft.

②

1	6	–	6	=		
1	6	–	7	=		
1	6	–	8	=		
1	6	–	9	=		

③

1	4	–	4	=		
1	4	–	5	=		
1	4	–	6	=		
1	4	–	7	=		

④

1	1	–	3	=		
1	1	–	5	=		
1	1	–	7	=		
1	1	–	9	=		

⑤

1	1	–	5	=		
1	2	–	5	=		
1	3	–		=		
		–		=		

⑥

		–		=		
1	2	–	6	=		
1	2	–	7	=		
		–		=		

⑦

1	6	–	8	=		
1	5	–	7	=		
		–		=		
1	3	–	5	=		

SB▸80/81 E▸39 A▸39

Subtrahieren auf verschiedenen Wegen

① Rechne in zwei Schritten.

12 − 5 =

11 − 6 =

13 − 4 =

16 − 7 =

14 − 6 =

17 − 9 =

12 − 7 =

15 − 6 =

18 − 9 =

②
14 − 9 =
11 − 9 =
16 − 9 =
13 − 9 =
15 − 9 =

③
16 − 8 =
12 − 8 =
15 − 8 =
18 − 8 =
17 − 8 =

Rechne.

④
12 − 4 =
14 − 5 =
13 − 8 =
15 − 6 =

⑤
16 − 7 =
13 − 6 =
17 − 9 =
11 − 5 =

⑥
12 − 8 =
15 − 9 =
11 − 6 =
14 − 7 =

4 5 5 6 6 6 7 7 8 8 9 9 9

⑦
10 − ☐ = 4
10 − ☐ = 2
10 − ☐ = 3
10 − ☐ = 5

⑧
13 − ☐ = 8
12 − ☐ = 4
11 − ☐ = 5
14 − ☐ = 6

⑨
☐ − 8 = 7
☐ − 9 = 5
☐ − 6 = 8
☐ − 7 = 6

5 5 6 6 7 7 8 8 8

13 14 14 15 16

SB▸82/83 E▸40 A▸40

① Rechne.

12 − 4 =
13 − 6 =
11 − 8 =
17 − 9 =
16 − 7 =
12 − 8 =

Rechne geschickt mit 10.

② 15 − 9 =
11 − 9 =
16 − 9 =
13 − 9 =
12 − 9 =

③ 16 − 8 =
17 − 8 =
14 − 8 =
15 − 8 =
13 − 8 =

Rechne.

④ 11 − 5 =
14 − 6 =
12 − 4 =

⑤ 13 − 5 =
14 − 9 =
16 − 8 =

⑥ 18 − 9 =
16 − 8 =
14 − 7 =

⑦ 12 − ☐ = 5
16 − ☐ = 9
14 − ☐ = 5

⑧ 11 − ☐ = 3
13 − ☐ = 5
15 − ☐ = 8

⑨ 17 − ☐ = 8
12 − ☐ = 3
15 − ☐ = 9

⑩ Schau genau hin.

11 − 5 − 1 =
14 − 3 − 7 =

15 − 2 − 5 =
17 − 3 − 7 =
13 − 8 − 2 =

SB▸84/85 E▸41 A▸41

Rechne geschickt.

①
6	+	7	+	4	=	
7	+	3	+	7	=	
9	+	6	+	1	=	
8	+	7	+	2	=	

②
1	5	−	8	−	5	=	
1	6	−	3	−	6	=	
1	9	−	2	−	9	=	
1	4	−	7	−	4	=	

③
1	6	+	3	−	6	=	
1	4	−	4	+	5	=	
1	7	−	9	+	3	=	
1	2	+	7	−	2	=	

④
1	8	+	2	−	8	=	
1	7	−	8	+	3	=	
1	3	−	9	+	7	=	
1	4	+	6	−	4	=	

Berechne Mini-Zahlenhäuser mit Keller.

⑤

Dach	Zimmer	Keller
	6 5	
	7 6	
	6 3	
	9 5	
	8 3	
	7 7	
	4 9	

⑥

Dach	Zimmer	Keller
13	7	
17	9	
12	3	
14		2
18		0
	4	4
	4	4

⑦ Finde passende Aufgaben.

ist kleiner als

					<	1	2
					<	1	2
					<	1	2
					<	1	2
					<	1	2
					<	1	2

ist größer als

					>	1	2
					>	1	2
					>	1	2
					>	1	2
					>	1	2
					>	1	2

SB▸86/87 E▸42 A▸42

① Trage ein.

4. Woche	Kakao	Milch	Vanille
Tom		X	
Lisa	X		
Anne	X		
Tobi			

Tom trinkt ________ .
Lisa trinkt ________ .
Anne trinkt ________ .
Tobi trinkt Vanille .

② Trage ein.

2. Woche	Kakao	Milch	Vanille
Tom			
Lisa			
Anne			
Tobi			

③

+	3	4	5	6
2	5			

④

–	2	4	7	5
8	6			

⑤

+	5	6	7	8
7				

⑥

–	3	6	9	0
12				

⑦

+	2	4	6	7
14				
9				

⑧

–	5	10	7	9
13				
20				

SB ▸ 88/89 E ▸ 43 A ▸ 43

①

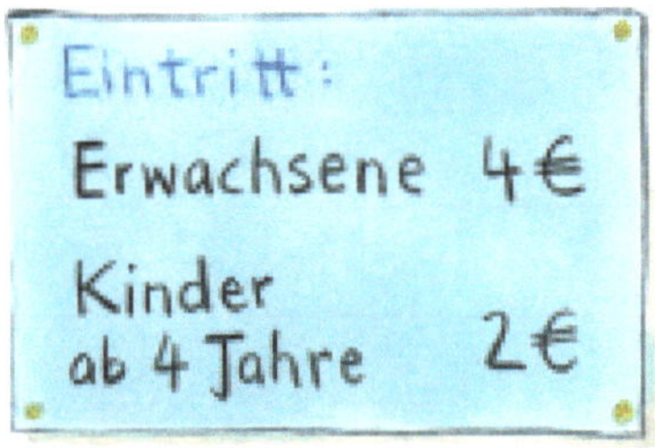

Erwachsene	1	2	3	4	5	6
Eintritt	4 €		12 €			24 €

Kinder	1	2	3	4	5	6
Eintritt	2 €		6 €			

__ Erwachsene ____ €
__ Kinder ____ €
zusammen ____ €

__ Erwachsene ____ €
__ Kinder ____ €
zusammen ____ €

__ Erwachsene ____ €
__ Kinder ____ €
zusammen ____ €

②

__ €
__ €
zusammen ____ €

__ €
__ €
zusammen ____ €

③ Male und rechne.

8 €
2 €
zusammen ____ €

__ €
__ €
zusammen 16 €

__ €
__ €
zusammen 15 €

SB▸90/91 E▸44 A▸44

① Male an.

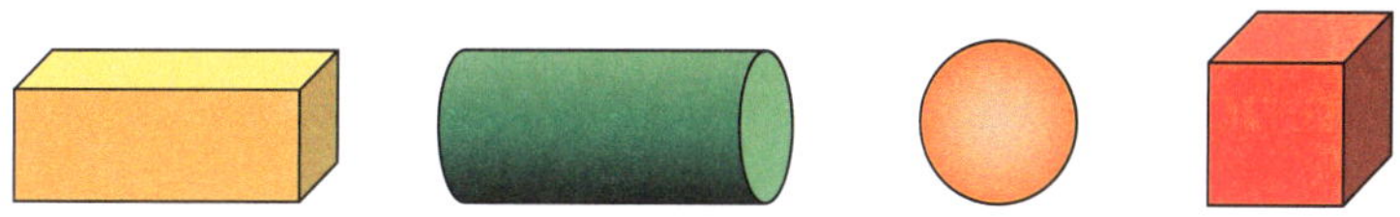

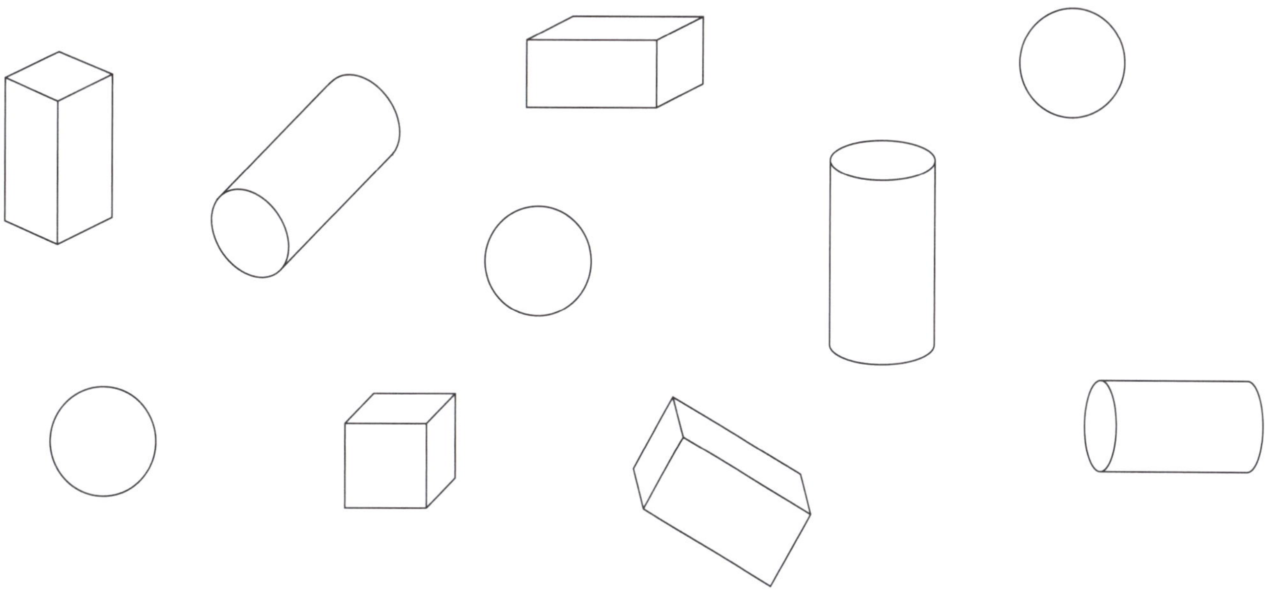

② Male alle Würfel an.

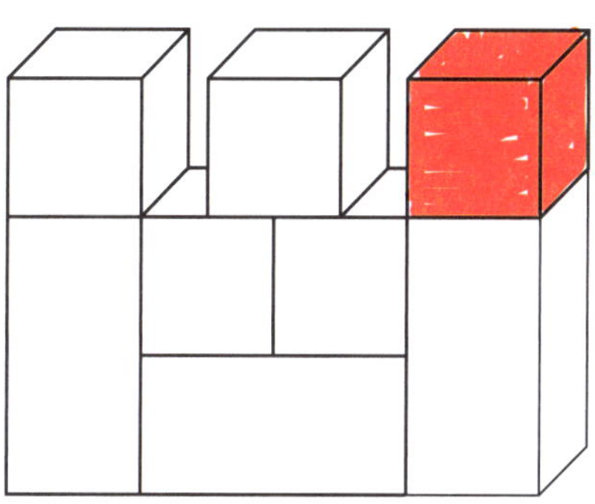

③ Male alle Zylinder an.

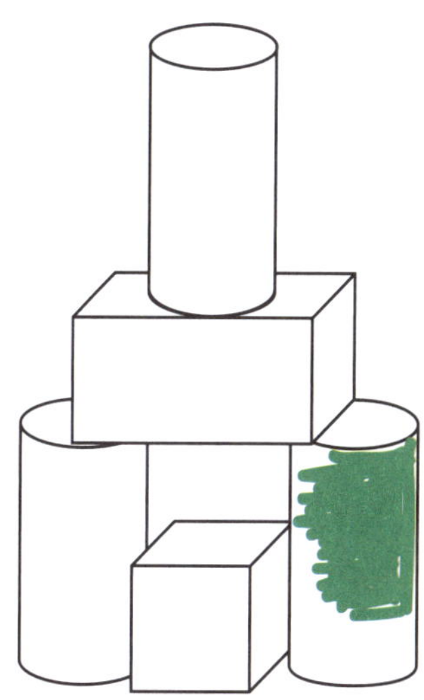

Was kann sein? Male an.

④ Der Körper hat genau 8 Ecken.

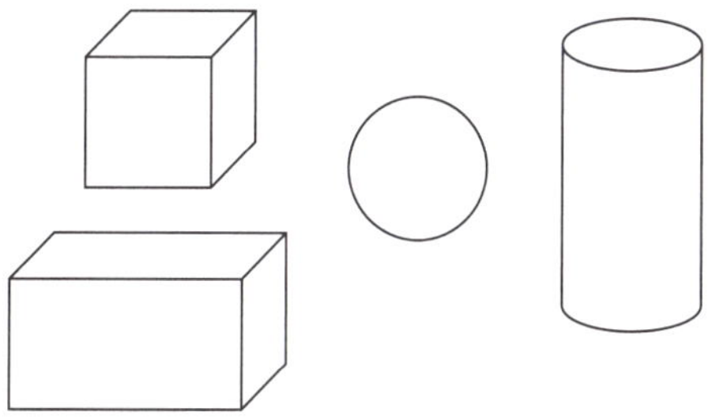

⑤ Der Körper hat keine Ecken.

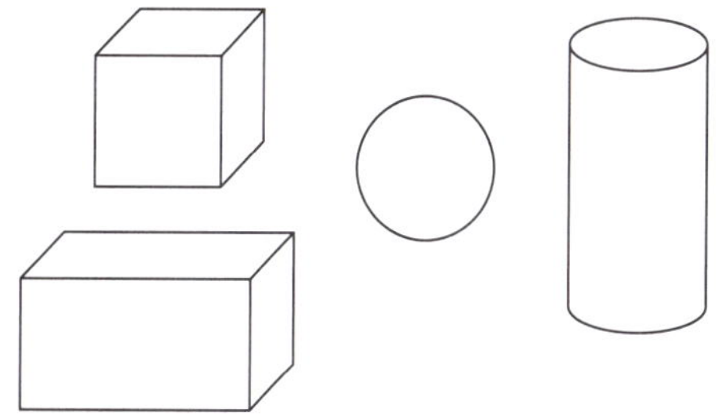

SB▶94/95 E▶46 A▶46

Würfelbauten

① Mit 10 Würfeln bauen und Baupläne schreiben.

② Was gehört zusammen?
Verbinde.

1	2	3
3	1	

	3	
3	2	
1	1	

2	1	1
2	3	
1		

③ Ein Gebäude, vier Ansichten.
Max sitzt Anne gegenüber, Tom gegenüber Ina.

Max

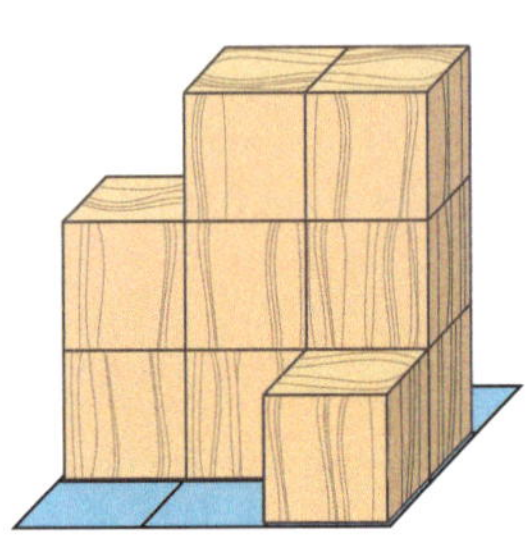

Tom

Anne

Ina

SB▸96/97 E▸47 A▸47

1	2	3	4	5	6	7	8	9	10	11	12	13	14	15	16	17	18	19	20

Über die 10.

①		6	+	7	=		
		6	+	4	=	1	0
	1	0	+	3	=	1	3

②	1	3	−	5	=		
	1	3	−	3	=		
	1	0	−	2	=		

③	5	+	6	=		
	4	+	8	=		
	8	+	7	=		

④	1	4	−	6	=		
	1	2	−	5	=		
	1	3	−	8	=		

⑤	7	+		=	1	1
	5	+		=	1	4
	4	+		=	1	2

Zuerst die Aufgabe zur 10.

⑥	7	+	2	=		
	7	+	3	=		
	7	+	4	=		
	7	+		=		
		+		=		
		+		=		

⑦	5	+	1	=		
	5	+	3	=		
	5	+	5	=		
	5	+	7	=		
	5	+	9	=		

⑧	3	+	7	=		
	4	+	7	=		
	5	+	7	=		
		+		=		
		+		=		
		+		=		

Lies am Zahlenband ab.

1	2	3	4	5	6	7	8	9	10	11	12	13	14	15	16	17	18	19	20			
			1	2	3	4	5	6	7	8	9	10	11	12	13	14	15	16	17	18	19	20

⑨						
3	+		8	=		
3	+		9	=		
3	+		7	=		
3	+	1	2	=		

⑩						
	9	−	6	=		
1	1	−	8	=		
1	0	−	7	=		
1	2	−	9	=		

⑪							
	3	+			=		
	3	+			=		
		−			=		3
		−			=		3

SB▶98/99 E▶48 A▶48

Rechne, schreibe.

①

3	6	2

②

11		
	5	3

③

12		
7		1

Benutze die Schablone. Rechne, schreibe.

④

19		
	11	
	5	

⑤

18		
8		
	2	

⑥

17		
9		
		3

⑦

19		
	10	
4		

⑧

20		
12		
		5

⑨

16		
11		
		5

⑩ Baue Mauern aus 6 Steinen.
Finde verschiedene Möglichkeiten. Notiere deine Lösungen.

20		

20		

20		

SB▸100/101 E▸49 A▸49

Das weiß ich schon: | Das will ich wissen: | So finde ich das heraus:

①

②

③

❹

SB ▶ 102/103 E ▶ 50 A ▶ 50

Vergleichen

Rechne und setze ein: <, = oder >.

1

8 + 1		11
8 + 2		11
8 + 3		11
8 + 4		11
8 + 5		11

2

15		7 + 6
15		8 + 6
15		9 + 6
15		10 + 6
15		11 + 6

3

13		15 − 4
13		15 − 3
13		15 − 2
13		15 − 1
13		15 − 0

Trage ein.

4

9 +	>	15
8 +	>	15
7 +	>	15
+	>	15
+	>	15

5

5 + 7	<	5 +
8 + 3	<	8 +
6 + 6	<	7 +
9 + 5	<	8 +
10 + 2	<	9 +

Rechne, trage ein.

6

13 −	<	15
15 −	<	15
18 −	<	15
14 −	<	15
19 −	<	15

7

11 −	>	11 − 5
14 −	>	14 − 7
18 −	>	17 − 7
20 −	>	19 − 4
15 −	>	15 − 1

8 Finde Aufgaben. Rechne, trage ein.

18 − 5 | 9 | 18 | 15 | 9 − 2 | 14 + 3 | 6 + 8 | 12

ist kleiner als		
	<	
	<	
	<	
	<	
	<	

ist größer als		
	>	
	>	
	>	
	>	
	>	

① Falte einen Samurai-Hut aus Zeitungspapier.

erst ausprobieren:
- mit Zeitungspapier
- mit Faltpapier

dann:
- mit Geschenkpapier

Starte mit dem Kopftuch (1)

zur Mitte (2)

nach oben (3)

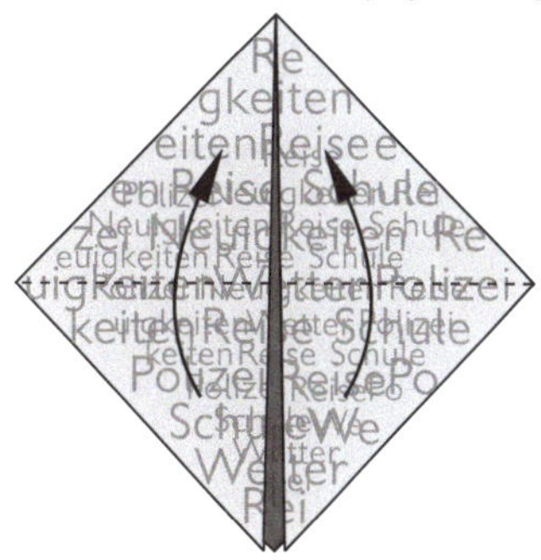

Spitze nach außen (4)

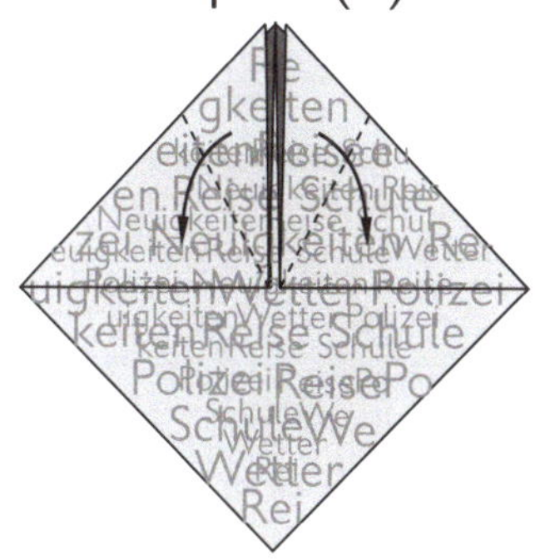

Dreieck nach oben (5)

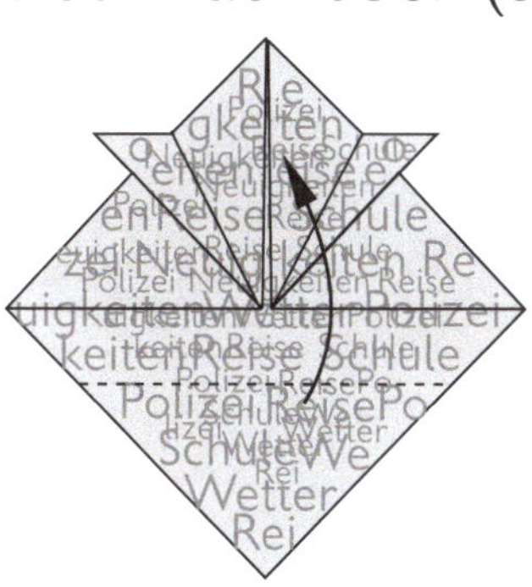

Streifen nach oben (6)

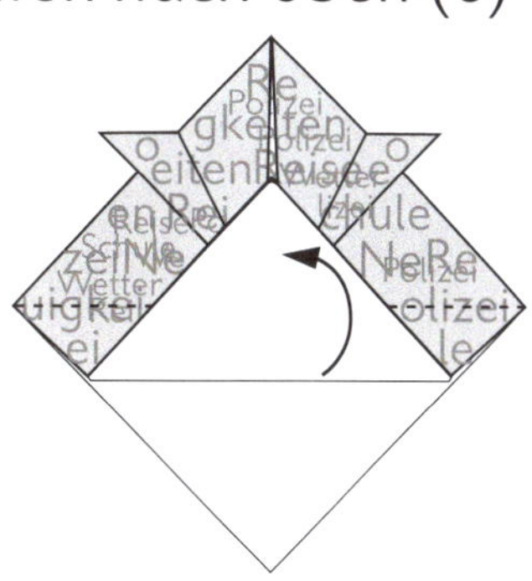

Dreieck in die Tasche schieben (7)

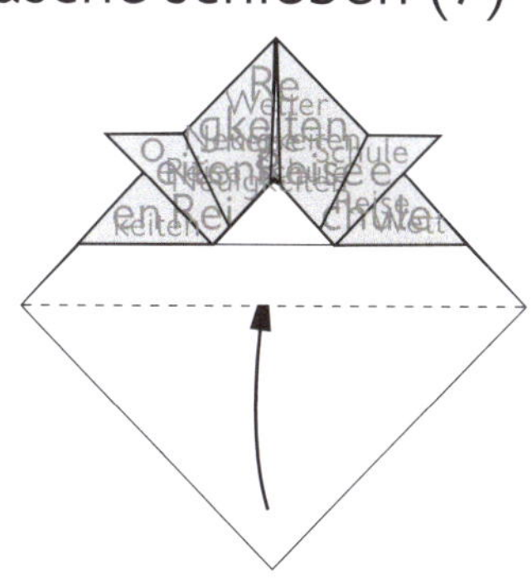

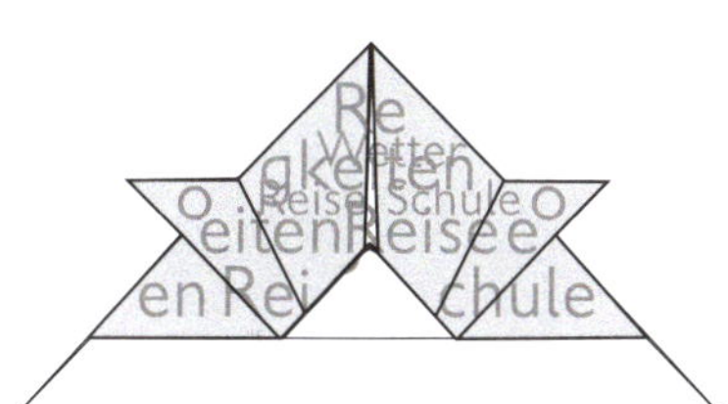

schon fertig

② Falte einen kleinen Hut.
Klebe ihn hier auf.

SB▸108/109 E▸53 A▸53

① Verbinde Teile, die zu einer symmetrischen Figur zusammengesetzt werden können.

② Was gehört zusammen? Verbinde.

③ Zeichne in symmetrische Figuren die Faltachse ein.

SB ▸ 110/111 E ▸ 54 A ▸ 54

① Setze das Muster fort. Lege oder male.

● ② Ergänze zu einer symmetrischen Figur. Lege oder male.

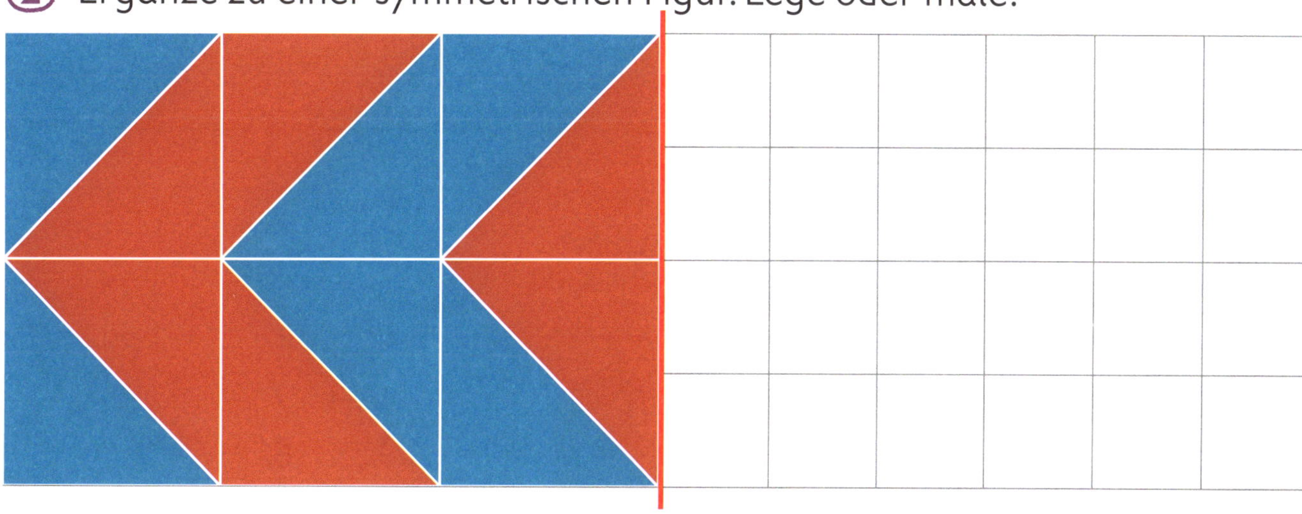

● ③ Lege ein eigenes symmetrisches Bild. Male es auf.

SB▸112/113 E▸55 A▸55

Rechnen kreuz und quer

1

2	+		=	10
5	+		=	10
7	+		=	10
1	+		=	10
3	+		=	10

2

10	−		=	6
10	−		=	8
10	−		=	3
10	−		=	5
10	−		=	9

3

10	−		=	4
8	+		=	10
	−	2	=	8
3	+		=	10
10	−		=	5

Super-Päckchen. Setze fort.

4

4	+	7	=	
5	+	8	=	
6	+	9	=	
7	+		=	
	+		=	

5

11	−	8	=	
13	−	7	=	
15	−	6	=	
17	−		=	
19	−		=	

6

13	+	5	=	
12	−	5	=	
11	+	5	=	
	−	5	=	
	+	5	=	

Super-Päckchen. Setze fort.

7

8	+	6	+	4	=	
7	+	5	+	3	=	
6	+	4	+		=	
5	+		+		=	
4	+		+		=	

8

4	+	5	−	7	=	
5	+	6	−	8	=	
6	+	7	−	9	=	
7	+	8	−	10	=	
8	+		−		=	

Aufgabenfamilien. 3 Zahlen – 4 Aufgaben. Ergänze.

9 6 8 14

6	+	8	=	
8	+	6	=	
14	−	8	=	
14	−	6	=	

10 12 8

	+		=	
	+		=	
	−		=	
	−		=	

11

+	3	5	7	
7				16

12

−	2	5	8	
11				0

13

+		8		5
9	16		20	

SB►114/115 E►56 A►56

Schreibe die fehlende Aufgabe. Rechne.

+	0	1	2	3	4	5	6	7	8	9	10
0	0					5					10
1											
2											
3											
4											
5	5					10					15
6											
7											
8											
9											
10	10					15					20

①
3	+	4	=	
3	+	5	=	
3	+	6	=	
3	+	7	=	
	+		=	

②
5	+	4	=	
5	+	5	=	
5	+	6	=	
5	+	7	=	
	+		=	

③
6	+	4	=	
7	+	4	=	
	+	4	=	
	+	4	=	
	+	4	=	

④
6	+	8	=	
7	+	8	=	
	+	8	=	
	+		=	
	+		=	

Super-Päckchen. Setze fort.

⑤ Immer 6 plus.

6	+		=	
6	+		=	
6	+		=	
6	+		=	
6	+		=	
6	+		=	

⑥ Immer plus 6.

	+	6	=	
	+	6	=	
	+	6	=	
	+	6	=	
	+	6	=	
	+	6	=	

⑦ Dein Super-Päckchen.

	+		=	
	+		=	
	+		=	
	+		=	
	+		=	
	+		=	

SB▸116/117 E▸57 A▸57

Das kleine Einspluseins

Schreibe die fehlende Aufgabe.
Rechne.

(1)	3	+	8	=	
	4	+	7	=	
	5	+	6	=	
	6	+	5	=	
		+		=	

(2)	5	+	8	=	
	6	+	7	=	
	7	+	6	=	
	8	+	5	=	
		+		=	

+	0	1	2	3	4	5	6	7	8	9	10
0	0					5					10
1											
2											
3											
4											15
5	5					10					
6											
7											
8											
9											
10	10					15					20

(3)	6	+		=	
	7	+		=	
		+		=	
		+		=	
		+		=	

(4)		+	6	=	
		+	7	=	
		+	8	=	
		+		=	
		+		=	

Super-Päckchen.
Was verändert sich? Setze fort.

(5)

4	+	4	=		8
5	+	5	=	1	0
6	+		=	1	2
	+		=		
	+		=		
	+		=		

(6)

3	+	2	=		5
5	+	3	=		8
7	+		=	1	1
	+		=		
	+		=		
	+		=		

(7)

	+		=		
	+		=		
	+		=		
	+		=		
	+		=		
	+		=		

SB▸116/117 E▸57 A▸57

(1) Tom kauft den Globus und die große Packung Buntstifte.

Das weiß ich schon: Der Globus kostet ___ €.
Die Buntstifte kosten ___ €.

Das will ich wissen: Wie viel muss Tom bezahlen?

So finde ich das heraus:

Das weiß ich jetzt: Tom muss ___ € bezahlen.

(2) Noah wünscht sich das lustige Buch. Er hat gespart.

Das weiß ich schon: Das Buch kostet ___ €.
Er hat ___ € gespart.

Das will ich wissen: ___

So finde ich das heraus:

Das weiß ich jetzt: Noah ___

SB▸118/119 E▸58 A▸58

(1) Lea kauft den Ball und die kleine Packung Buntstifte.

Das weiß ich schon: Der Ball kostet ____ €.

Die Buntstifte kosten ____ €.

Das will ich wissen: Wie viel muss Lea bezahlen?

So finde ich das heraus:

Das weiß ich jetzt: Lea muss ____ € bezahlen.

(2) Marie wünscht sich das rote Buch. Sie hat gespart.

Das weiß ich schon: Das rote Buch kostet ____ €.

Sie hat ____ € gespart.

Das will ich wissen: ________________________

____

So finde ich das heraus:

Das weiß ich jetzt: Marie ________________________

____

SB►118/119 E►58 A►58

① Wie viele Mädchen und wie viele Jungen sind in der Gruppe?

●	Mädchen	卌 III
●	Jungen	

In der Gruppe sind ____ Mädchen und ____ Jungen.

② Wie viele Kinder haben helle Haare und wie viele haben dunkle Haare?

●		
●		

____ Kinder haben helle Haare und ____ Kinder haben dunkle Haare.

③ Wie viele Kinder tragen eine Brille und wie viele tragen keine Brille?

●		
●		

____ Kinder tragen eine Brille und ____ Kinder tragen keine Brille.

④ Wie viele Kinder tragen eine Kappe und wie viele tragen keine Kappe?

●		
●		

____ Kinder tragen eine Kappe und ____ Kinder tragen keine Kappe.

SB▶120/121 E▶59 A▶59

① Ergänze.

1 Uhr
13 Uhr

6 Uhr
18 Uhr

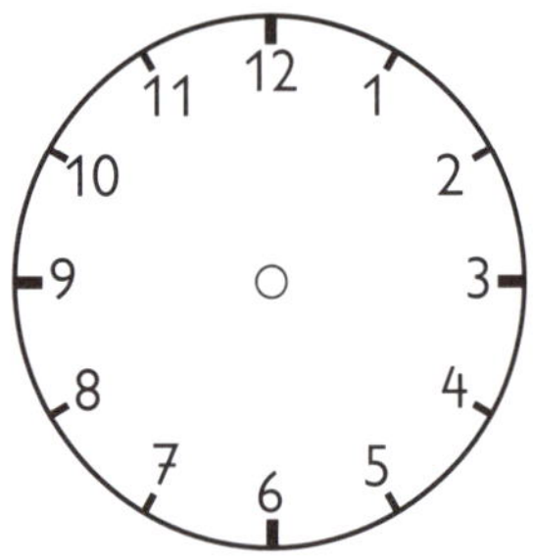

___ Uhr
15 Uhr

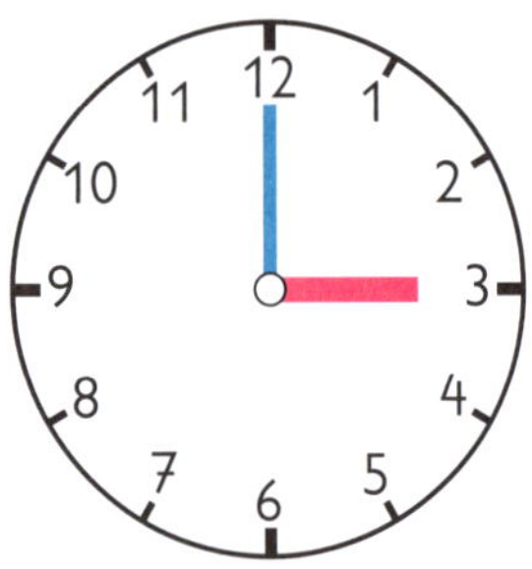

7 Uhr
___ Uhr

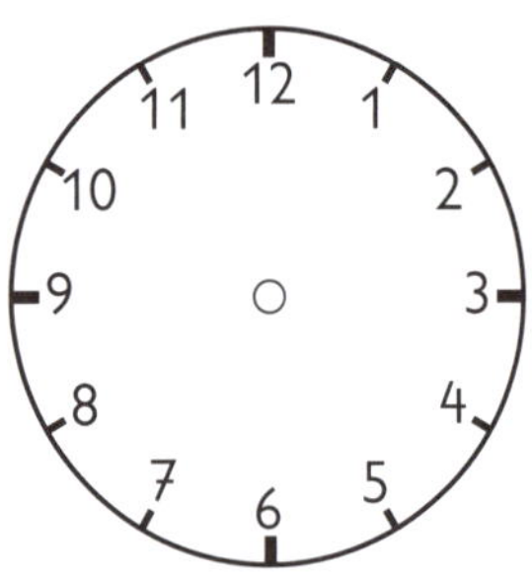

___ Uhr
24 Uhr

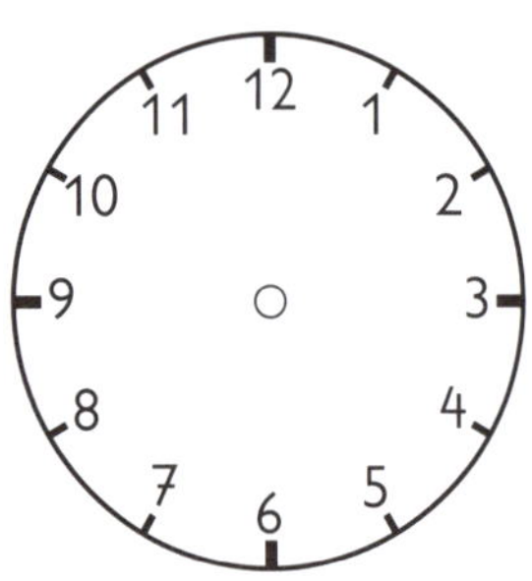

___ Uhr
___ Uhr

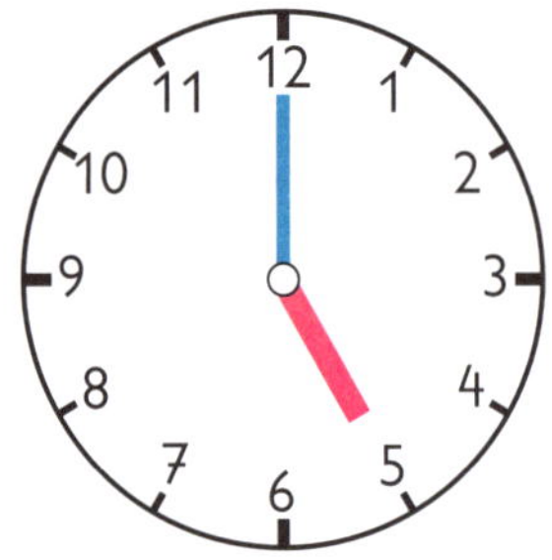

___ Uhr
___ Uhr

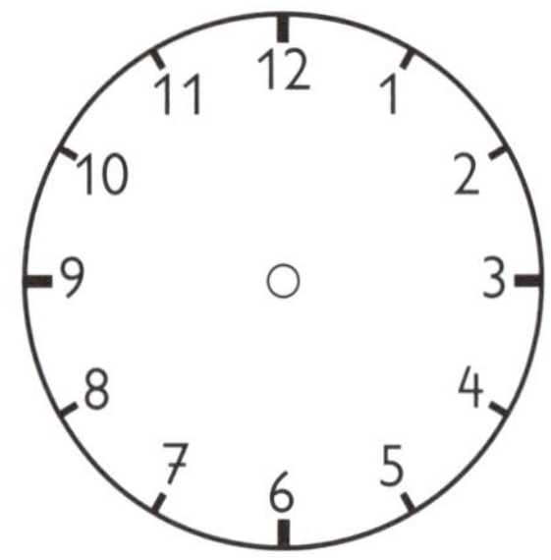

___ Uhr
22 Uhr

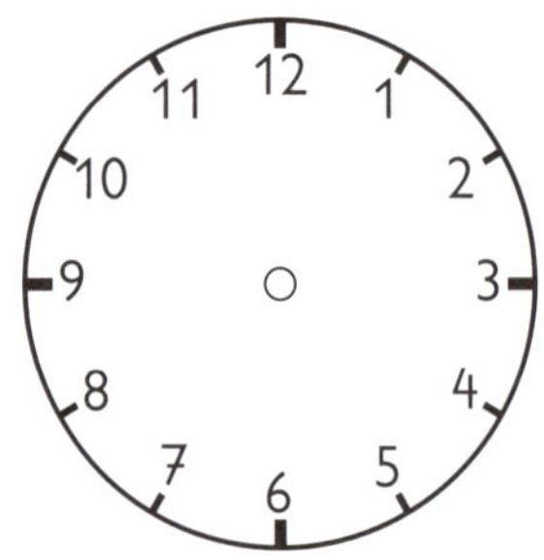

___ Uhr
23 Uhr

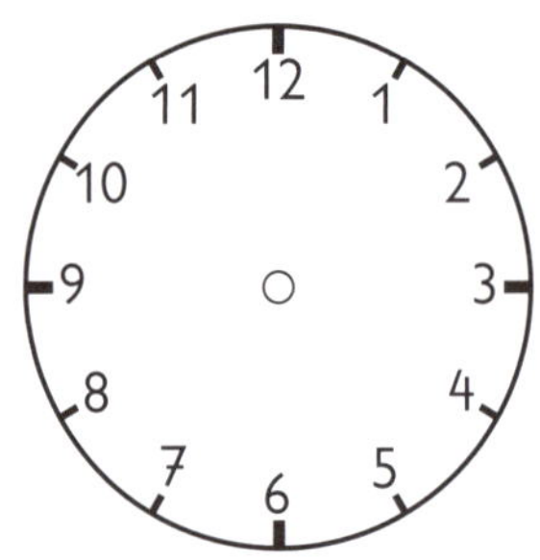

2 Uhr
___ Uhr

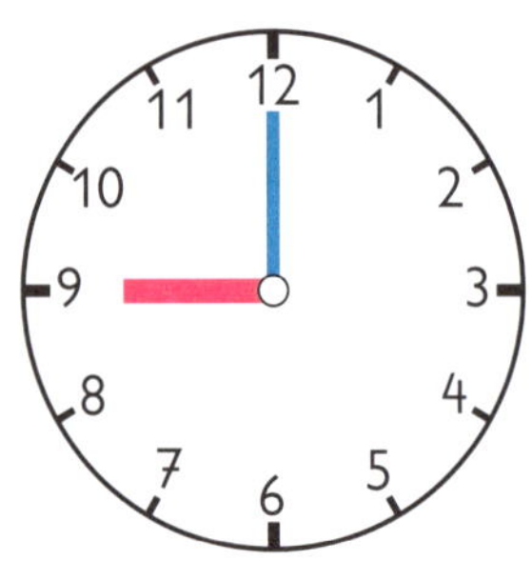

___ Uhr
___ Uhr

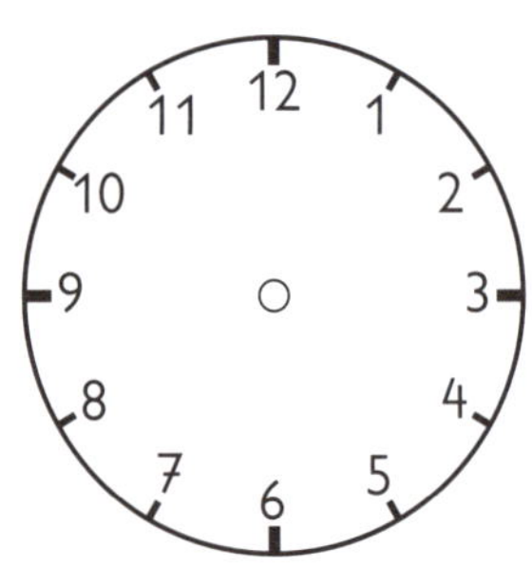

4 Uhr
___ Uhr

SB►124/125 E►61 A►61

(1)

7 Uhr

8 Uhr

____ Uhr

11 Uhr

____ Uhr

14 Uhr

____ Uhr

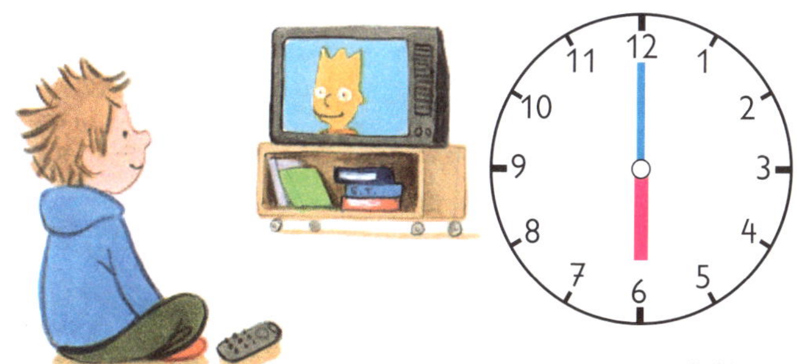

____ Uhr

20 Uhr

4 Uhr

SB▶126/127 E▶62 A▶62

schätzen	zählen	notieren

Wie viele Cent-Stücke?

(1)

(2)

(3) Wie viele? Schreibe auf.

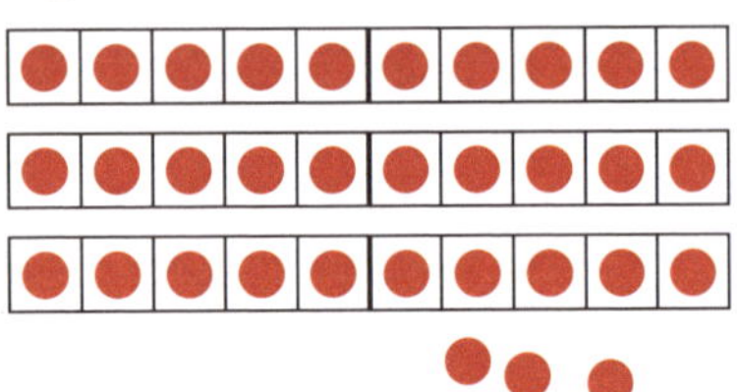

Z	E

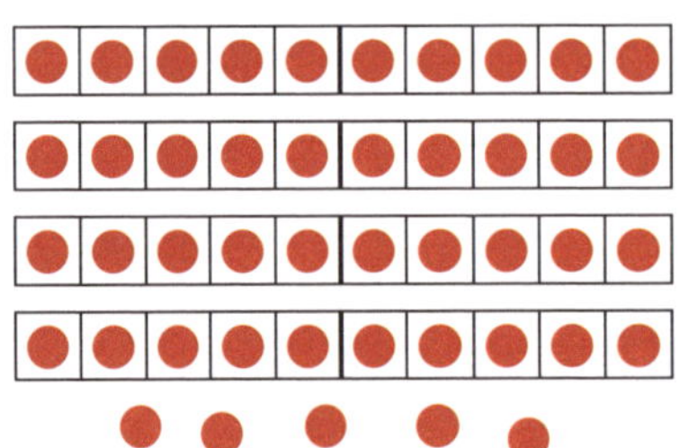

Z	E

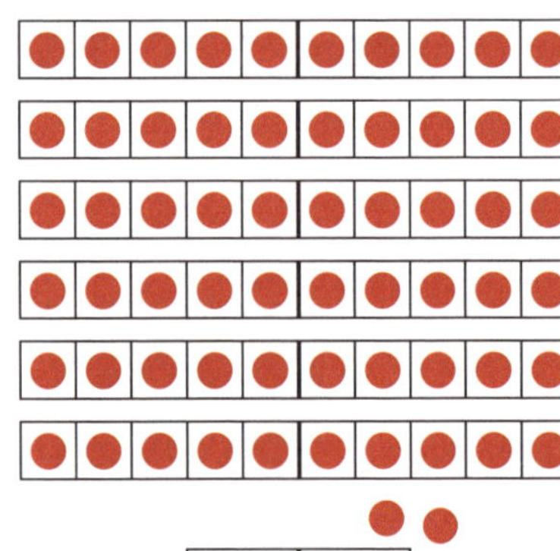

Z	E

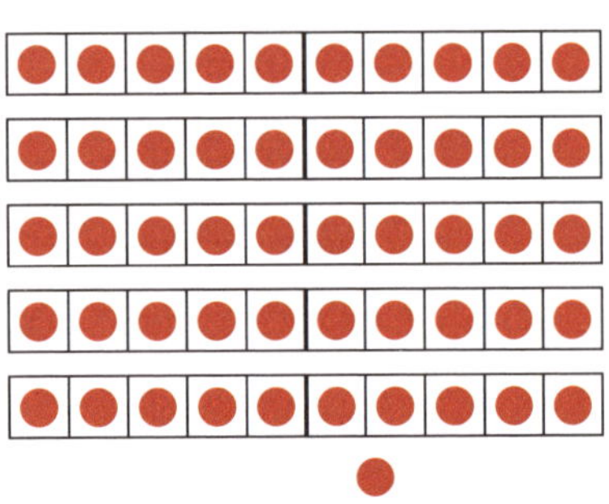

Z	E

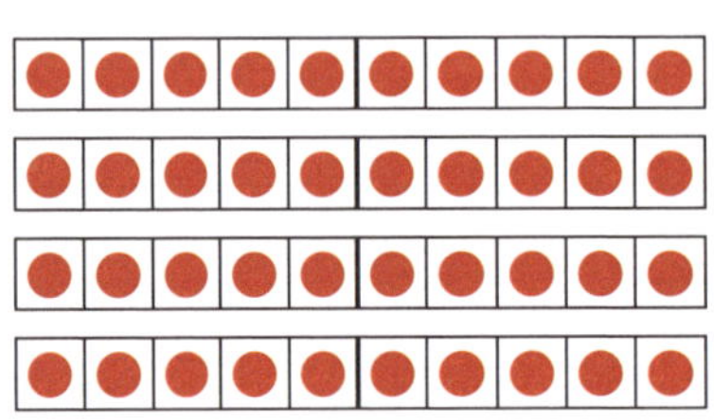

Z	E

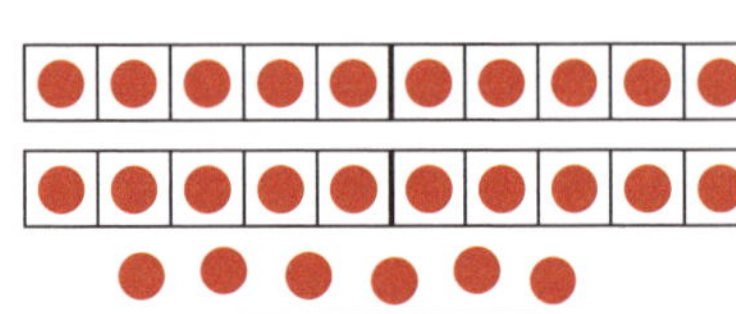

Z	E

SB►128/129 E►63 A►63

① Wie heißen die Zahlen? Schreibe auf.

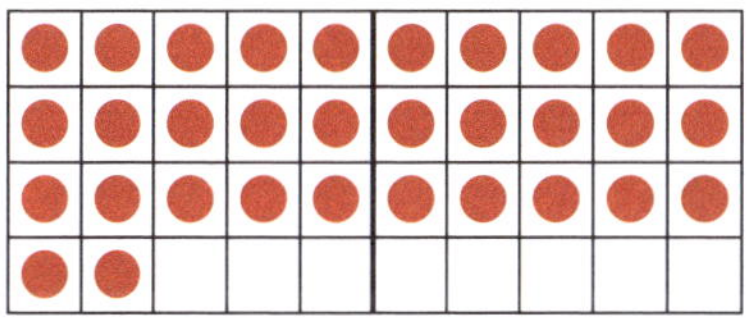

Z	E

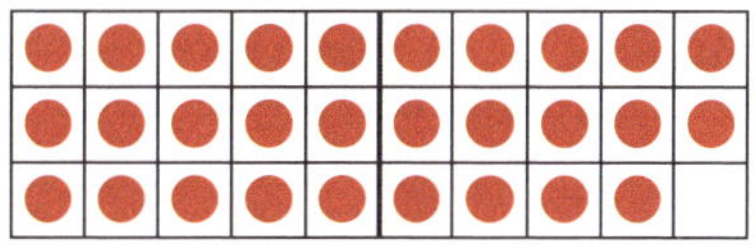

Z	E

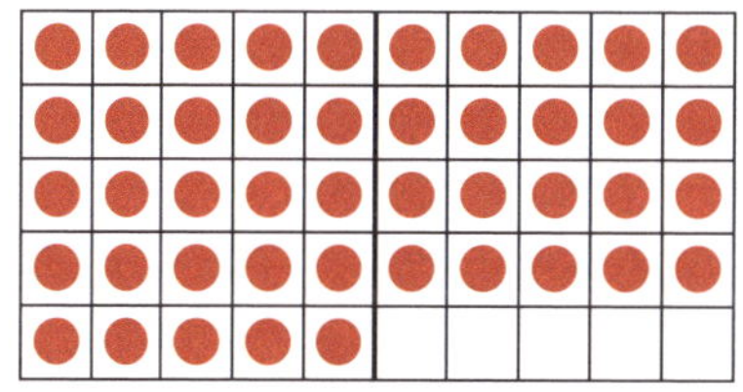

Z	E

② Wie heißen die Zahlen?

Z	E

Z	E

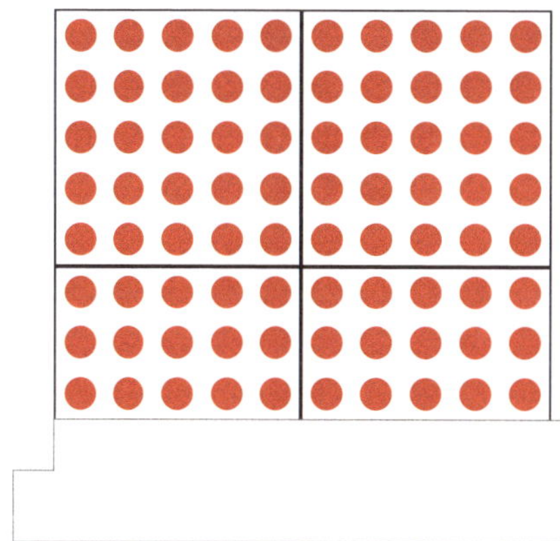

Z	E

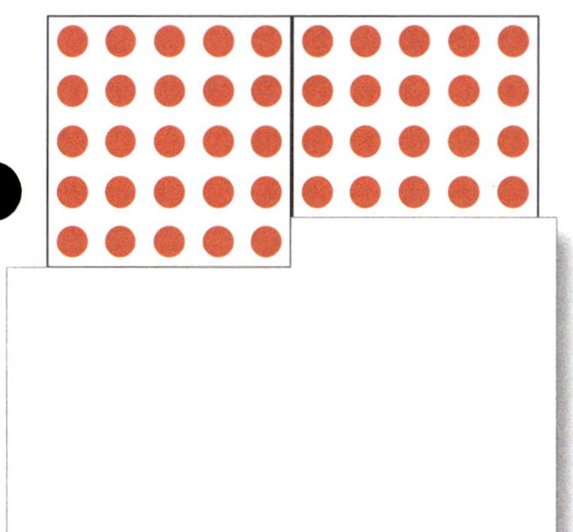

Z	E

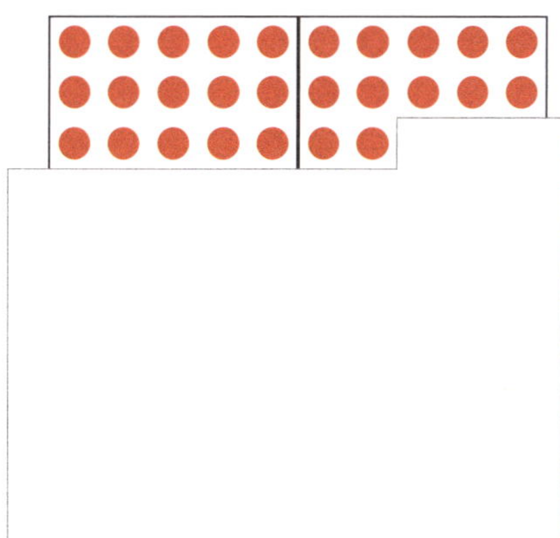

Z	E

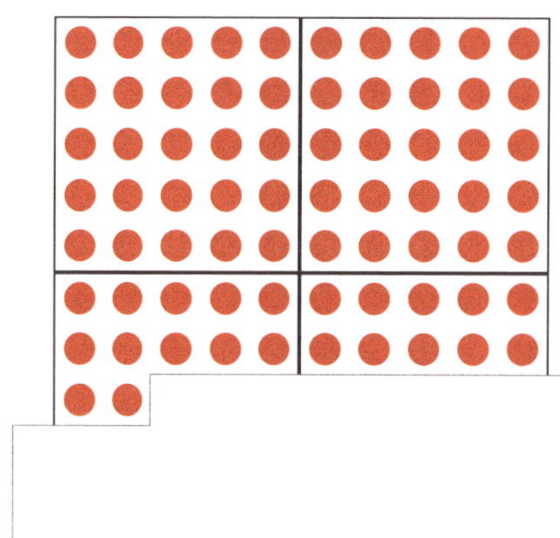

Z	E

③

100	
70	

100	
	10

100	
	20

100	

100	

100	

SB▸131

Rechnen mit Cent

① Immer 80 ct. Lege und male mit diesen Münzen:

② Wie viel? Rechne.

20 ct + ___ ct + ___ ct
= ___ ct

___ ct + ___ ct + ___ ct
= ___ ct

___ ct + ___ ct + ___ ct
= ___ ct

Beim Bäcker.

 30 ct  60 ct  20 ct

③ Tim kauft:

Es kostet:

___ ct + ___ ct
= ___ ct

Tim bezahlt:

④ Ina kauft:

Es kostet:

___ ct + ___ ct + ___ ct
= ___ ct

Ina bezahlt:

⑤ Ich kaufe:

Es kostet:

Ich bezahle:

SB►132/133 E►64 A►64

① Zauberquadrate?
Prüfe und entscheide. Ja ✓ oder nein ✗?

6	7	2
1	5	9
8	3	4

☐

1	8	6
7	5	3
9	2	4

☐

4	3	4
2	5	9
6	7	1

☐

8	7	4
1	5	9
6	3	2

☐

2	9	4
7	5	3
6	1	8

☐

8	1	6
3	5	7
4	9	2

☐

② Immer 15. Trage die fehlenden Zahlen ein.

4	3	
9	5	

8	3	
	7	2

	9	2
8		6

	3	4
1		
	7	

③ Male große und kleine Quadrate.
Addiere die Zahlen an den Ecken. Zusammen genau 10.

2	1	4	3
3	4	1	2
1	2	3	4
4	3	2	1

2	1	4	3
3	4	1	2
1	2	3	4
4	3	2	1

SB▸134/135

Super M
Arbeitsheft 1

Herausgegeben von: Ursula Manten, Reinhard Forthaus

Erarbeitet von: Ulrike Braun, Reinhard Forthaus, Ursula Manten, Ariane Ranft, Gabi Viseneber, Mirjam Walde

Unter Einbeziehung der Ausgabe von: Ulrike Braun, Gudrun Hütten, Ursula Manten, Christine Strauß-Ehret, Gabi Viseneber

Redaktion: Jens-Uwe Mertens

Illustrationen: Martina Leykamm, Dorothee Mahnkopf (Super M)

Grafik: Christine Wächter, Christian Görke

Layoutkonzept: hawemannundmosch

Layout und technische Umsetzung: Checkplot, Anker & Röhr

Umschlaggestaltung: Ines Schiffel

Bildnachweis: M. Lange, Berlin: 23.1–12, 94.1–4; U. Manten, Aachen: 41.1–4, 61.1–2, 72.1–6

Bestandteile des Lehrwerks Super M für das 1. Schuljahr

Schülerbuch 1 mit Kartonbeilagen	978-3-06-083022-0
Arbeitsheft 1	978-3-06-083023-7
Arbeitsheft 1 mit CD-ROM	978-3-06-083410-5
Förderheft – Einstiege	978-3-06-083831-8
Forderheft – Aufstiege	978-3-06-083832-5
Handreichungen für den Unterricht mit Lehrermagazin	978-3-06-083408-2
Kopiervorlagen mit CD-ROM	978-3-06-083409-9
Im Paket: Handreichungen für den Unterricht mit Lehrermagazin und Kopiervorlagen mit CD-ROM	978-3-06-083914-8
Arbeitsheft Rechentraining 1	978-3-06-083166-1

www.cornelsen.de

1. Auflage, 1. Druck 2014

Alle Drucke dieser Auflage sind inhaltlich unverändert
und können im Unterricht nebeneinander verwendet werden.

Druck: Firmengruppe APPL, aprinta druck, Wemding

Arbeitsheft 1 978-3-06-083023-7

Arbeitsheft 1 mit CD-ROM 978-3-06-083410-5

Inhalt gedruckt auf säurefreiem Papier aus nachhaltiger Forstwirtschaft.